# ソヴィエト連邦の超兵器

## の超兵器

戦略兵器編

多田 将

# もくじ

## 第1章 大陸間弾道弾 · · · · · · · · · · · · · · · · · · · · · · · · 006

### 弾道弾についての基礎知識
1.1 弾道弾とは何か？ · · · · · · · · · · · · · · · · · · · · 007
1.2 液体燃料と固体燃料 · · · · · · · · · · · · · · · · · 010
1.3 発射方式 · · · · · · · · · · · · · · · · · · · · · · · · · · · 013
1.4 弾道弾の飛翔経路と弾頭 · · · · · · · · · · · · · · 016

### ソヴィエト連邦／ロシア連邦の大陸間弾道弾
1.5 弾道弾開発の黎明 · · · · · · · · · · · · · · · · · · · 018
1.6 史上最強の戦略兵器──重大陸間弾道弾 · · · · · · 021
1.7 使い勝手のよい汎用大陸間弾道弾 · · · · · · · 025
1.8 固体燃料式大陸間弾道弾の開発 · · · · · · · · · 028

### 大陸間弾道弾の戦力推移 · · · · · · · · · · · · · · · · · · · 034

## 第2章 海洋発射式弾道弾 · · · · · · · · · · · · · · 038

### 潜水艦発射式弾道弾の基礎知識
2.1 潜水艦から発射する"メリット" · · · · · · · · · · 039
2.2 潜水艦発射式弾道弾の技術的課題 · · · · · · · 040
2.3 発射命令の受信 · · · · · · · · · · · · · · · · · · · · · 042
2.4 水中からの発射 · · · · · · · · · · · · · · · · · · · · · 044
2.5 弾道弾搭載型潜水艦の技術的特徴 · · · · · · · 046

### ソヴィエト連邦／ロシア連邦の潜水艦発射式弾道弾
2.6 液体燃料式──ソヴィエト海洋核戦力の中核 · · · · 047
2.7 アメリカに遅れた固体燃料式開発 · · · · · · · · · 055

### 弾道弾搭載型潜水艦の戦力推移 · · · · · · · · · · · · · 059

## ソヴィエト海軍の編制と配備 · · · · · · · · · · · · 061

# 第3章 潜水艦 ......... 063

### 潜水艦の基礎知識
3.1 原子力推進とディーゼル・エレクトリック推進 ......... 065
3.2 隠密性を高める工夫 ......... 067

### ソヴィエト連邦／ロシア連邦の潜水艦
3.3 ディーゼル・エレクトリック推進式汎用潜水艦 ......... 068
3.4 原子力潜水艦の登場 ......... 070
3.5 チタン製の汎用潜水艦 ......... 075
3.6 有翼ロケット水中巡洋艦 ......... 080
3.7 究極の空母キラー ......... 084
3.8 新世代の対艦ミサイル ......... 086

### 潜水艦戦力の推移 ......... 091

# ソヴィエト連邦／ロシア連邦の艦艇分類 ......... 093

# 第4章 水上戦闘艦艇 ......... 096

### ソヴィエト連邦／ロシア連邦の水上戦闘艦艇
4.1 ロケット巡洋艦 ......... 097
4.2 大型対潜艦 ......... 102
4.3 艦隊水雷艇 ......... 108
4.4 警備艦／フリゲイト ......... 112
4.5 小型ロケット艦とロケット艇 ......... 118
4.6 対潜巡洋艦と航空巡洋艦 ......... 123

# ロシア連邦の"超"兵器 ......... 127

# 設計局と工場 ......... 000

### 設計局と工場 ......... 130

●掲載兵器スペック一覧 ......... 143
●ロシア連邦軍編制一覧（2021年2月）......... 152

カバーイラスト：速水螺旋人
イラスト：サンクマ
兵器デフォルメアイコン：EM-Chin

# はじめに

　私事で恐縮ですが、僕は子供の頃からソヴィエト連邦軍が好きでしたが、他の人がそれを知ると、必ず返ってくる言葉が「なんでソ連軍が好きやの?」でした。ミリタリー趣味ということ自体が世間一般から見ればニッチな分野ではありますが、そのニッチなミリヲタの世界でも、ソヴィエト連邦好きというのは更にニッチでした。

　個人の嗜好は様々でしょうが、僕はとにかく「最強」「最大」「究極」というものが好きです。そういう意味で、「人類最強の兵器(R-36M2 大陸間弾道弾)」や「史上最大の潜水艦(941型戦略任務重ロケット水中巡洋艦)」などの、いわゆる「超兵器」を次々と開発したソヴィエト連邦は、僕にとって、「これ以外の選択肢なんて有り得へんやろ!」という存在だったのです。

　冷戦期には、ソヴィエト連邦を盟主とする「東側」と、アメリカ合衆国を盟主とする「西側」とでは、その交流は乏しいものでした。西側の技術を取り込めなかった東側では、自分たちで一から軍事技術を築き上げていかねばならず、そのため、我々西側から見ると「なんでこんなことになっちゃったの?」的な兵器も多いです。しかし、よく調べると、彼らなりに合理的な考えのもとにつくり出したことがわかります。この「調べる」ということも、冷戦期には困難でしたが、情報の公開が進んだ今では、格段に容易になっています。その情報化社会を駆使して、当時は本来の姿を覆い隠していた秘密のヴェイルを、剥ぎ取っていこう、というのが本書の趣旨です。そして、できるだけ多くの方々に、これら独特な兵器の数々の魅力を知っていただきたいのです。

　本書を読み終えた後に、読者のみなさんが抱く疑問が、「なんでソ連軍が好きやの?」から、「なんでソ連軍が好きやないの?」に変わっていることを切に願っています。

多田 将

R-36M2 大陸間弾道弾（著者撮影）

## 兵器名の表記について──キリル文字の使用

　ソヴィエト／ロシアの兵器は、当然ながら本来はロシア語（キリル文字）で表記される。しかし、キリル文字表記は日本人に馴染みがないため、本書では以下の通りのルールを設けて兵器を解説していきたい。

　まず、それぞれの兵器について初出時のみキリル文字で表記し、対応する英字をカッコで併記する［例1］（ただし、英字と類似のキリル文字については英字表記を省略する）。以降の本文では英字の表記を用いる。また、固有の愛称などがある場合は、そちらも併記する［例2］。

［例1］大陸間弾道弾「Р-36М УТТХ［R-36M UTTKh］」
［例2］大陸間弾道弾「РС-28［RS-28］サルマート（Сармат、サルマティア人）」

　第2章、第3章、第4章では艦艇が登場する。ソヴィエト／ロシアの分類に従い『計画番号』を表記するが、NATOコードネームも併記する。その場合はカッコにて「NATO名称」の注意書きを添える［例3］。また、ソヴィエト連邦崩壊後、ロシア国内での艦艇の名称（1番艦の名称）が広く知られるようになり、西側では1番艦の艦名を冠した艦級で呼ばれるようになった。こちらについては「通称」の注意書きを添えて併記する［例4］。

［例3］汎用原子力潜水艦「671РТМ［671RTM］型」（NATO名称：ヴィクターIII級）
［例4］警備艦「20380型」（通称：ステレグーシチィ級）

　このほか、西側一般で人口に膾炙した表現と、ソヴィエト／ロシアの正式表記を用途に応じて併用していく。ご了承いただきたい。

# 第1章

# 大陸間弾道弾

著者撮影

## 文字通りの"最終兵器"

現在でも、世界の核兵器の9割はロシア連邦とアメリカ合衆国が保有しているが、冷戦期には、それよりもさらに"1桁"多い数をソヴィエト連邦とアメリカ合衆国が保有し、他国を寄せ付けない二大超大国として君臨していた。

核兵器は人類が生み出した最強の兵器ではあるが、それ単独では価値が乏しく、"運搬手段"が整って、はじめてその威力を発揮する。核兵器の運搬手段には弾道弾や巡航ミサイルなどの「ミサイル」と、爆撃機などの「航空機」がある。

ソヴィエト／ロシアとアメリカで戦略兵器とされるのは弾道弾と爆撃機だが、対照的な存在となっている。爆撃機は運用の幅の広さから、むしろ通常兵器の運搬手段として常に活躍しているが、全面核戦争となった場合には圧倒的な速度の違いから弾道弾に抗し得る兵器たりえない。爆撃機が群れをなして敵国に向けて飛び立つ姿は、たしかに絵になるも

のの、半日かけて敵国上空に到着するころには、自国は敵の弾道弾で消滅してしまっているだろう。

一方の弾道弾（戦略弾道弾）は、多くの資金と労力を注ぎ込んで開発したにもかかわらず、これまで一度たりとも使われたことがない兵器である。もし今、ロシアとアメリカが全面核戦争を起こしたときには、その主役は弾道弾となるだろうが、「使われたときがこの世の終わり」と言うべき、文字通りの"最終兵器"なのである。

この二大超大国は、冷戦期にはほぼ全ての弾道弾を常時発射可能な"即応状態"としており、いつでも30分で世界を滅ぼせる状態にあった。現在でも、ロシアとアメリカは"即応状態"を維持しており、通常兵器では他国との差があまりなくなったとは言え、こと核兵器に限って言えば、いまだに露米両国は他国を寄せ付けない存在である。

6

# 弾道弾についての基礎知識

## 1.1 弾道弾とは何か？

### ■落下する人工衛星

本章のテーマであるソヴィエト連邦の弾道弾について話す前に、「そもそも弾道弾とは、どのような兵器なのか？」について簡単に説明しよう。

史上初の戦略ロケット兵器であるドイツのV1とV2が第2次世界大戦で使用されて以来、現在にいたるまで対地用のミサイルは、この2つの子孫によって占められている。

V1の子孫が巡航ミサイル、V2の子孫が弾道ミサイル（弾道弾）である。この両者の違い

は、前者が"無人の航空機"と呼べるものであり、大気圏内を翼による揚力を得ながら常時エンジンを稼働させて水平飛行で目標に向かうのに対して、後者は打ち上げるときにだけエンジンを稼働させ、それ以降の大部分の経路では重力に従って落下するだけ——人工衛星と同じように地球の重心を焦点の1つとする楕円軌道を描く——ということである（弾道弾の軌道について「放物線」と解説されているものもあるが、間違いである）。弾道弾とは、ようするに「地面に落下してしまう人工衛星」なのである。

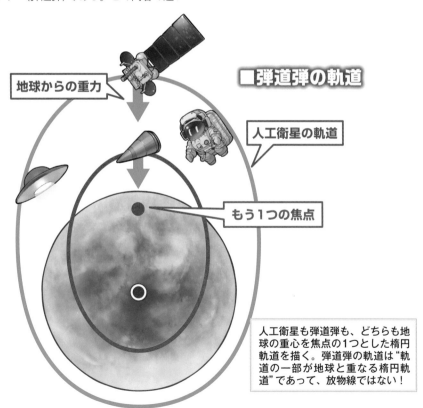

### ■弾道弾の軌道

地球からの重力

人工衛星の軌道

もう1つの焦点

人工衛星も弾道弾も、どちらも地球の重心を焦点の1つとした楕円軌道を描く。弾道弾の軌道は"軌道の一部が地球と重なる楕円軌道"であって、放物線ではない！

## ■圧倒的速度により迎撃は極めて困難

巡航ミサイルは、揚力を得るため大気圏内（空気があるところ）を飛行する必要があり、飛行経路を空から俯瞰すると、地表を這うように飛翔することになる。一方で弾道弾は、大部分が動力なしで落下するだけなので、空気抵抗が生ずる大気圏内はむしろ短時間で通過するのが望ましく、軌道の大部分は大気圏外を飛翔する。このため、弾道弾のほうが巡航ミサイルよりも圧倒的に高速である。

巡航ミサイルが、現在主流のもので亜音速、最高速のものでマッハ4、ロシアで現在開発中の「極超音速有翼ロケット」でもマッハ10以下であるのに対して、弾道弾は最大でマッハ20を超えるものもある。こうした桁違いの速度こそが、弾道弾を"超兵器"たらしめるも

のである。

この圧倒的な速度が引き起こす"強み"は主に2つある。ひとつは、迎撃が極めて困難となることである。弾道弾より速い兵器がないとなれば、迎撃体は追い駆けることはできず、軌道を予測して"ある瞬間の、ある場所に"自分も向かう「待ち合わせ」によって迎え撃つしかない。しかし、射程10,000kmという地球規模の範囲を、マッハ20という超高速で飛行する、弾頭サイズ1m程度の物体を「待ち合わせ」するのは容易ではない。時間にして0.0001秒の「待ち合わせ」である。

もうひとつは対処に許される時間が極めて短いことである。冒頭でも述べたように、大陸間弾道弾が打ち上げられてから着弾するまでに、わずか30分ほどしかかからない。この

■弾道弾
・運用の幅は極めて狭い（ほぼ核攻撃のみ）
・圧倒的な速度

最大マッハ20！
30分でアメリカに

■爆撃機
・運用の幅が広い。さまざまな任務に使える
・核の運搬手段としては遅い

アメリカまで半日です

30分の間に、発射を探知し、軌道を把握し、それをもとに着弾地点を予測し、反撃を決断しなければならない。同じ距離を半日かけて飛行する爆撃機とは、まったく別次元の兵器だと言えよう。ロシアやアメリカのような弾道弾超大国が本気になって弾道弾を発射した場合、それを防ぐ手段は、現時点では存在しない（現在配備されているミサイル防衛網は、少数の弾道弾に対する防御方法にすぎない）。このように、弾道弾と並ぶことができる兵器は、今のところ一切存在しないのだ。

### ■ソ米の距離と戦略兵器の定義

　本章では、その弾道弾のなかでも戦略兵器である大陸間弾道弾について見ていくこととする。さて、「戦略兵器」とは、"戦場を越えて、敵の中枢を直接攻撃できる兵器"のことを言う。そのため、その定義は"相手国との距離"に大きく左右される。たとえば、国境を接している国同士であれば、射程が短くても戦略兵器となり得るが、ソヴィエト（ロシア）とアメリカのような地球の反対側に位置する国同士では、数千km以上の長射程兵器しか戦略兵器たり得ない。こうして生まれたのが大陸間弾道弾であり、冷戦期の主役がこの二大超大国であったために、弾道弾の分類は両国の位置関係によって決められた。大陸間弾道弾の定義が「射程5,500km以上」となっているのは、両国本土間の最短距離が5,500kmだからにすぎない（ハワイ州とアラスカ州は除く）。そもそも"大陸間"という言葉自体、両国が別々の大陸に位置することから生まれた言葉である。

　一方でソヴィエトはアメリカの同盟国である欧州各国とも対峙しており、それらの国々はアメリカ本土よりはるかに近い。そのため短い射程の弾道弾でも、欧州諸国相手には"戦略兵器"だった。ソヴィエト／ロシアにおける弾道弾の分類を表にまとめたので、ご覧いただきたい。

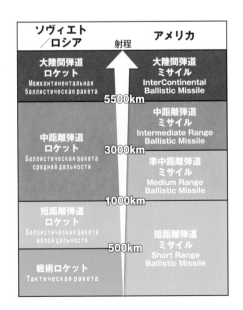

5500km以上！

大陸間弾道弾の定義は「射程5,500km以上」。ソヴィエト-アメリカ本土間の最短距離が5,500kmだからだ！

　ロシア語では軍用ミサイルも、宇宙開発に用いるロケットも、どちらも「ロケット（Ракета、ラケータ）」と呼ぶ。ロケット技術の元祖、ドイツでも同様に「Rakete、ラケーテ」の一語であらわす。両国では弾道ミサイルでも、巡航ミサイルでも、対空ミサイルでも、あらゆるミサイルが「ロケット」である。たとえば、巡航ミサイルをロシアでは「有翼ロケット」と呼んでいる。

　本書はソヴィエト連邦についての本なので、兵器の名称として「ロケット」を使いたいところであるが、読者諸兄の読みやすさを考え解説では「ミサイル」表記を用いる。ただし、固有名詞や説明上必要である場合は「ロケット」を用いるので、ご理解いただきたい。

（著者撮影）

## 1.2 液体燃料と固体燃料

### ■液体燃料と酸化剤

　本章を読むうえで必要な技術的な知識についても、簡単に説明しておきたい。まず、弾道弾を打ち上げる燃料について。大別すると「液体燃料」と「固体燃料」の2つに分けられる。

　液体燃料は、自動車に入れるガソリンや航空燃料など、多くの人が"燃料"と聞いて連想するだろう、なじみ深いものである。実際、初期の弾道弾には燃料としてアルコールやケロシン（灯油やジェット燃料の主成分）が使われていた。弾道弾が、私たちが利用する"乗り物"と大きく異なる点は、大気圏外を飛行することである。つまり空気（酸素）が無い場所で燃料を燃やすため、酸化剤も燃料と一緒に積んでいく必要がある。

　酸化剤として最初に思いつくのは、まさに「酸素」であるが、これをそのまま搭載するには問題がある。酸素は常温で気体だからだ。気体のままでは積載スペースをとりすぎるし、ボンベのように高圧化して積むと耐圧壁が重くなり、これまた弾道弾には適さない。結局、液化して積むしかないが、酸素の沸点はマイナス183℃と極めて低温であるため、弾道弾のなかに長期間保存できず、発射

直前に充填することになる。これは即応性が求められる弾道弾にとって致命的である。

　前述の通り、弾道弾の到達時間は長射程の大陸間弾道弾でさえ30分程度なので、その運用には文字通り寸刻を争うからである。そのため、現在では酸素は使われていない（なお、寸刻を"争わない"宇宙開発用ロケットは今でも酸化剤に液体酸素を使うものが主流である）。

　そこでタンク内で長期貯蔵可能な、常温で液体となる燃料と酸化剤が使われることになる。主流は、燃料に非対称ジメチルヒドラジン、酸化剤に四酸化二窒素を使うものだ。ただし、常温貯蔵可能と言っても、名前からして"ヤヴァイ"雰囲気が察せられるように、人体に有害であるだけでなく金属を腐食させてしまう（！）ので、タンク材料の選定が重要となってくる。さいわい、軽くて強度の高いアルミニウム合金の一部がこれらに耐性があるため使用されている。ロシア軍で現役の液体燃料式大陸間弾道弾は、燃料／酸化剤タンク（および弾道弾外皮）に、「AMr6」と呼ばれるアルミニウム・マグネシウム合金を使っている。

　現在では液体燃料式でも、弾道弾は燃料と酸化剤を充填したまま配備されている。たと

# ■弾道弾の構造──液体燃料式と固体燃料式

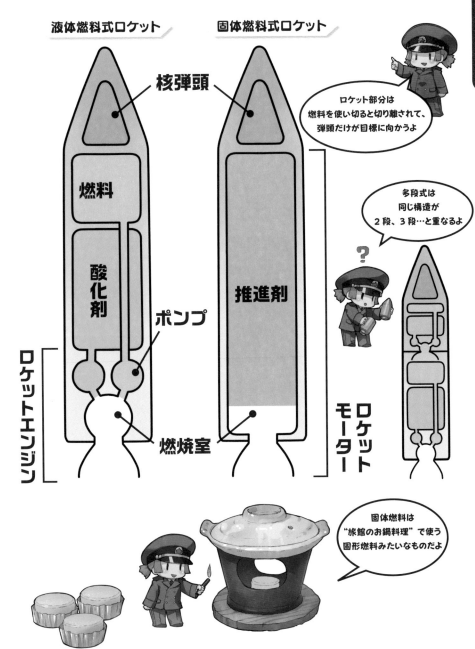

液体燃料式ロケット

固体燃料式ロケット

**核弾頭**

燃料

酸化剤

ポンプ

推進剤

燃焼室

ロケットエンジン

ロケットモーター

ロケット部分は
燃料を使い切ると切り離されて、
弾頭だけが目標に向かうよ

多段式は
同じ構造が
2段、3段…と重なるよ

?

固体燃料は
"旅館のお鍋料理"で使う
固形燃料みたいなものだよ

えばソヴィエト／ロシアの重大陸間弾道弾R-36M2の場合、発射指令を受けてから発射までに要する時間は、わずか62秒である。

## ■固体燃料

しかし、それでも腐食性の危険な液体をずっと貯めたままにしておくのは、あまり良いことではなく、より安定した固体燃料式のほうが保管には有利である。なにせ（長射程の）弾道弾は、これまで一度も実戦使用されたことがなく、配備された状態で何十年間も待機するものだからである。本国から遠く離れた海のド真ん中で、ずっと潜んでいる潜水艦に搭載する弾道弾にいたってはなおさらだろう。

固体燃料には、燃料と酸化剤を固形にしたものか、あるいは酸化剤を必要としない（それ自体が酸化剤としての要素を含んでいる）火薬を使う。弾道弾に最初に使われたのは後者のほうだ。ニトロセルロースとニトログリセリンを混ぜたダブルベース（2種類の火薬を混ぜたもの[※1]）が使われた。

その後、前者に相当するコンポジット推進剤が開発された。「推進剤」とは、ここでは燃料と酸化剤の総称程度に考えてもらいたい。コンポジット推進剤は、まさに弾道弾用に開発されたものだ。一般的なものでは、燃料としてアルミニウム、酸化剤として過塩素酸アンモニウムが使われる。どちらも粉末状なので、バインダーと呼ばれる物質で固める。バインダーは燃料としても働く。当初は、バインダーにゴム系の物質が使われたが、そのうちダブルベース火薬をバインダーとして使うものが登場した。それ以外にもポリエチレングリコールなどさまざまな物質がバインダーとして使われるようになり、その配合は推進剤開発者の腕の見せどころと言える。近年の弾道弾では、これらに高性能爆薬であるHMX（シクロテトラメチレンテトラニトラミン）を混ぜ、一層の性能向上を図っている。たとえばアメリカの潜水艦発射式弾道弾であるUGM-133では、HMXが4割も含まれ、ほとんど爆薬のような推進剤となっている。

## ■それぞれのメリットとデメリット

液体燃料式弾道弾では、燃料タンクと酸化剤タンクを分けて搭載し、それをポンプで吸い出し、燃焼室で混合して点火し、その燃焼ガスをノズルから噴出させて推力を得る。ポンプ、燃焼室、ノズルは一体となっており、これらをまとめて「ロケットエンジン」と呼ぶ。ポンプが吸い出す量を調整すると、推力も調整できるし、停止や再稼働も容易に行える。

固体燃料式弾道弾では、固体燃料が詰まった部分（これを「モーターケース」と呼ぶ）の下にノズルがついた構造となっており、これら全体で「ロケットモーター」と呼ぶ。モーターケース内部全体が燃焼室となり、その燃焼ガスがノズルから噴出する。ポンプなどが無いぶん、構造がシンプルで確実な動作が保証されるが、途中で燃焼を停止させたり再点火させたりすることはできない。

液体燃料と固体燃料のメリット／デメリットをまとめると——固体燃料は保管・貯蔵の面で優れているが、停止／再点火ができないので、それを前提によく考えて設計しなければならない。液体燃料は保管・貯蔵の面では見劣りするものの効率がよく、より高性能の弾道弾を作りやすい。固体燃料式では大きくても発射重量100 t程度が限界だが、液体燃料式は最大で200 tを超えるものが実用化されている。

アメリカでは、地上発射式の弾道弾は早々に固体燃料式に絞られ、潜水艦発射式弾道弾は最初から固体燃料式しか運用していない。一方でソヴィエトでは双方の利点を活かして、大陸間弾道弾でも潜水艦発射式でも、液

体燃料式と固体燃料式の両方を運用し、現在のロシアに引き継がれている。

## 1.3 発射方式

### ■地下サイロ式

　弾道弾に関する技術的知識として、次に発射方式について説明する。地上発射型の弾道弾は、ごく初期のころは宇宙開発用ロケットのように地上に固定された発射台から発射していた。しかし、これは丸見えなうえ、攻撃に対して脆弱で、とても実戦に耐えられるものではなく、あくまで過渡期のものであった。

　その後、登場したのが「サイロ」であり、大陸間弾道弾の発射方式として主流となる。サイロ (silo) とは、農作物や飼料を備蓄する円筒形の倉庫のことで、日本では北海道に行くと見ることができる。その構造の類似性から、弾道弾を収納する円筒形の地下発射施設のこともサイロと呼ぶ。このサイロは、円筒形の厚いコンクリート構造物を地下に埋めたかたちとなっており、分厚い鋼製の蓋で閉じられ、敵の先制攻撃に耐えられるよう強固に作られている。

　また、サイロ内の弾道弾は防振構造を介して吊られるように設置され、核攻撃の衝撃が伝わりづらくなっている。核攻撃は、核爆発によって発生する衝撃波で目標を破壊するが、ソヴィエトのサイロは衝撃波圧力100気圧以上に耐えられるようになっている。なお、"確実にサイロを破壊できる衝撃波圧力"の値は一般に340気圧と言われているが、それが可能な兵器が核兵器以外には存在しない。

　サイロからの発射方式は2種類ある。ひとつはサイロ内でそのまま燃料に点火する「ホット・ローンチ」という方法だが、この方法だとサイロ内が燃焼ガスに晒されるので、使い捨てにするか、高温に耐えられる構造にする必要がある。もうひとつはサイロ内にガスを充填し、その圧力で射出し、その後に点火する「コールド・ローンチ」という方法で、サイロを傷めずに打ち上げることができる。

　アメリカの現役の大陸間弾道弾LGM-30はホット・ローンチ式、ソヴィエト／ロシアの大陸間弾道弾はほとんどがコールド・ローンチ式である。サイロ断面模型（写真）を見ると、弾道弾が筒のようなものに入っている。これは工場からサイロまで輸送する際のもので「輸送発射コンテナ」[※1]と呼ばれるが、このコンテナのままサイロに装填し、発射時はコンテナ内にガスを充填する。まるで迫撃砲のようであることから、この方式をロシア語で「迫撃砲発射」[※2]と呼ぶ。

### ■阻止が難しい移動発射方式

　サイロは核兵器の直撃以外には耐えられる強固な構造になっているが、根本的な防御策として"移動することで場所を特定されない"という方法がある。そもそも世界初の弾道弾であるナチス・ドイツのV2がこの方式だった。V2の場合、発射場所まで輸送したのち、そこで発射台に立てて発射する方式だったが、これでは即応性に欠ける。現代では、輸送車輌に発射コンテナごと搭載し、コンテナを起立させて、そのまま発射する方式がとられている。このような車輌を「輸送起立発射車輌 (Transporter Erector Launcher、TEL)」と言う。

　この方式は、短距離弾道弾では一般的になっており、世界でもっとも実戦使用されたR-11／R-17（いわゆるスカッド・ミサイル）が、この方式である（なお、R-11／R-17はコンテ

サイロの断面図模型。筒のように見えるのが「輸送発射コンテナ」。なお、ロシア語ではサイロのことを「Шахтная Пусковая Установка（ШПУ）」と呼ぶ。シャフトナヤとは鉱山の竪坑のことで、直訳すると「（鉱山）竪穴式発射機」となるが、この地下発射施設を的確に表現した言葉と言えるだろう（著者撮影）

RT-23UTTKh の発射サイロ 15P760 の頂部。この厚い蓋と厚い壁、防振構造などにより、100 気圧の衝撃波に耐えられる。この蓋は、外側が鋼で内部にパラフィンが充填されている。パラフィンは、核攻撃を受けた場合に大量に浴びることになる中性子を遮蔽するためのもの。周囲にある小さな塔のようなものは、衛星通信のアンテナ（著者撮影）

ナを使用せず、ミサイルがむき出しである）。
湾岸戦争（1991年）において、アメリカはイ
ラク軍のTEL狩りを実施したが、発射前に破
壊できたものがほとんど無かったことから
も、この発射方式の厄介さが理解できるだろ
う。
　この方式を大陸間弾道弾に適用したのがソ
ヴィエトであり、現在ではロシアの主たる核
戦力を構成している。

## ◆弾道弾の名称

　ソヴィエト／ロシアの戦略兵器には、以下のとおり複数の"名前（番号）"が存在する。

①正式名称（例：P-36M2 [R-36M2]、PT-23УTTX [RT-23UTTKh]）
　本書では兵器の名称として主にこの表記を用いる。また、固有名称（例：トーポリ、ヴォィ
エヴォダ）が存在しているものは、こちらも使用する。
②「PC [RS]」ではじまる番号（例：PC-24 [RS-24]）
　PC [RS] とは「ラケートヤナ・システマ（ロケット・システム）」の略称で、ソ米（露米）
が戦略兵器軍縮条約を結ぶにあたって共通理解のために付けた名称。一部の弾道弾は正式
名称が不明なため、この表記を用いる。
③ DoD 番号（例：SS-18 Mod 6）
　冷戦時代、アメリカ国防省（Department of Defense、DoD）が情報の限られたソヴィエ
ト兵器に独自の番号をつけて分類したもの。弾道弾は「SS-〇〇」の番号がつけられている。
④ NATO コードネーム（例：Satan、サタン）
　③と同様に、北大西洋条約機構（NATO）がソヴィエト兵器に独自の名称をつけて分類し
たもの。弾道弾は「S」から始まる名前が付けられている。

　このほかに「ロケット・砲兵総局インデックス」と呼ばれるソヴィエト／ロシア国防省ロケッ
ト・砲兵総局による分類番号なども存在するが本章では使用しない。

## 1.4 弾道弾の飛翔経路と弾頭

### ■弾道弾の構造——多段式

　弾道弾の中身は、ほとんどが推進剤でできている。たとえば液体燃料式「R-36M2」の9割、固体燃料式「RT-23UTTKh」の8割が推進剤である。推進剤を入れたタンクやモーターケースは、推進剤が尽きてしまえば無駄な重量となるので、飛行しながら適宜切り離していく。これが多段式ロケットであり、長射程の大陸間弾道弾では液体燃料式で2段、固体燃料式で3段のものが主流である。最終段を切り離すと、弾道弾が運ぶべき搭載物（ペイロード）——「弾頭」だけになる。

　弾道弾は発射されると推進剤を燃焼し（そして使い切った“段”は切り離し）、加速・上昇していく。この区間をブースト・フェイズと言う。液体燃料式で4～5分、固体燃料式で3分程度であり、弾道弾の姿勢を制御できるのはこの段階まで。以降は重力に従い単純な楕円軌道を描くだけとなる。そのため、このわずかな区間の精度が着弾まで数千km先の精度を決定してしまう。

### ■高度な技術が要求される複数弾頭型

　弾頭は重力に引かれて楕円軌道を描き（ミッドコース・フェイズ）、大気圏に再突入する（ターミナル・フェイズ）。ターミナル・フェイズは、通常の大陸間弾道弾で1分未満である。

　弾頭は、大気圏再突入に最適な円錐型をした容器に入っている。これを英語では「再突入体 (Reentry Vehicle)」、ロシア語では「戦闘ユニット」[*1]と呼ぶ。再突入体は、6,000℃を超える高温に晒されるため、特殊な技術で内部の弾頭と制御機器を守っている。弾頭はひとつ（単弾頭型）のものと複数搭載のものがあり、複数弾頭型をロシア語では「分割弾頭」[*2]と呼ぶ（英語では「MIRV (Multiple Independently-targetable Reentry Vehicle、多弾頭独立目標再突入体)」である）。

　複数弾頭型では、弾頭はそれぞれ「分割段」[*3]と呼ばれる姿勢制御用エンジンを備えた“段”に搭載され、ひとつずつが個別の目標地点への軌道に乗るよう自身の姿勢を調整する。着弾の精度を左右するため、非常に高度な技術が要求される。英語では、この分割段を「PBV (Post-Boost Vehicle)」と呼び、この区間をポスト・ブースト・フェイズと呼ぶ。

### ■空力により軌道を変える

　通常の再突入体は重力により落下するだけだが、冷戦期には空気（揚力）を利用して軌道を変えるものも開発された。アメリカでは機動を修正する「機動式再突入体 (Maneuverable Reentry Vehicle、MaRV)」が準中距離弾道弾「パーシングII」に搭載されている。ソヴィエトでも同様のものが大陸間弾道弾用に開発され「誘導戦闘ユニット」[*4]と呼ばれた。

　また、さらに積極的に空気抵抗を活用し、ターミナル・フェイズで1,000kmもの距離を滑空する「アリバトゥロス (Альбатрос、アホウドリ)」という滑空弾頭も開発されている。「アリバトゥロス」は実戦配備には至らなかったが、近年になって復活し、次世代の核運搬手段として注目される大陸間弾道弾用超音速滑空弾頭「アヴァンガルト (Авангард、前衛)」として完成した（アヴァンガルトについては127ページ参照）。

　以上、弾道弾について説明したが、より詳しく知りたい方は拙著『弾道弾』（明幸堂）をご一読いただきたい。

※1：ロシア語表記で「Боевые Блоки、ББ (BB)」
※2：ロシア語表記で「Разделяющиеся Головные Части、РГЧ (RGCh)」
※3：ロシア語表記で「Ступень разведения」
※4：ロシア語表記で「Управляемый Боевой Блок、УББ (UBB)」

## ■弾道弾の軌道

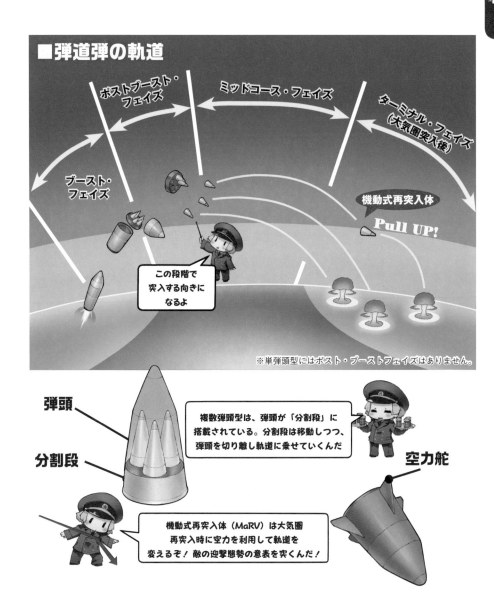

ポストブースト・フェイズ

ミッドコース・フェイズ

ターミナル・フェイズ
（大気圏突入後）

ブースト・フェイズ

機動式再突入体

Pull UP!

この段階で
突入する向きに
なるよ

※単弾頭型にはポスト・ブーストフェイズはありません。

弾頭

分割段

空力舵

複数弾頭型は、弾頭が「分割段」に
搭載されている。分割段は移動しつつ、
弾頭を切り離し軌道に乗せていくんだ

機動式再突入体（MaRV）は大気圏
再突入時に空力を利用して軌道を
変えるぞ！　敵の迎撃態勢の意表を突くんだ！

# ソヴィエト連邦／ロシア連邦の大陸間弾道弾

## 1.5 弾道弾開発の黎明

### ■ドイツの遺産を奪い損なう

　さて、前置きが長くなったが、ここからソヴィエト連邦の大陸間弾道弾の開発史を紐解いていこう。

　人類が開発した弾道弾のすべての祖先は、前述のとおりドイツが開発したV2である。第2次世界大戦（ソヴィエトでは「大祖国戦争」）でドイツが敗れると、連合国側は競って彼らの兵器技術を手に入れようとした。弾道弾は他国が持っていない画期的な新兵器であったため、ソヴィエトは喉から手が出るほど欲したが、ヴェルナー＝フォン＝ブラウンをはじめとする開発者たちはみなアメリカ軍に投降したため、ソヴィエト赤軍がドイツを占領したとき手にできたのは、末端の技術者とV2の現物だけであった。こののち、アメリカがブラウンを中心に弾道弾開発を進めたのに対して、ソヴィエトは手に入れたV2をもとに独自開発を進めるしかなかった。

　ソヴィエトでは、弾道弾開発のために「第1試作設計局」を設立し、その設計局長にセルゲイ＝パヴロヴィチ＝コロリョフを就けた。のちにブラウンと並び「ロケットの父」と呼ばれることとなる人物だ。

### ■宇宙開発でいまなお現役

　コロリョフ率いる開発陣が最初に行ったのは、当時国内で入手できる素材や部品を使って、V2を再現することだった。そうして作られたのが、ソヴィエトのロケットの始祖――「P-1［R-1］」であった。「P」は「Ракета（ラケータ）」の頭文字である。これに独自の改良を盛り込んだ「P-2［R-2］」を経て、これらを発展させて弾道弾の開発を進めていった。

　コロリョフの名を不動のものとしたのは、人類初の大陸間弾道弾「P-7［R-7］」の開発である。R-7は、イカのようにたくさんの"脚"がついた、とても特徴的なスタイルをしている。この4本の"脚"は第1段ロケットで、それらに囲まれた中心軸上に第2段ロケットを備えている。第1段ロケットと第2段ロケットは同時に点火され、先に第1段の燃料が尽きる。第2段（および第3段と弾頭）は第1段の上に"載っている"だけであり、第2段が上昇を続ける一方で、第1段は自重で落下する。これは第1段の切り離し構造や、第2段の点火システムに特別な技術を必要としない、シンプルかつユニークな方法である。この分離の瞬間を地上から見ると、第2段を中心に4本の第1段ロケットが"花弁が開くように"落下していくことから、その光景はとても美しいそうだ。なお、第2段の上に第3段があり、こちらは第2段の切り離しとあわせて、第3段の点火を行う。

　R-7は人類初の弾道弾であると同時に、宇宙開発用ロケットとしても多大な成果をあげている。特に有名なものは、1957年10月4日に人類初の人工衛星であるスプートニク1号を打ち上げたこと、そして1961年4月12日に人類初の宇宙飛行士ユーリィ＝アレクセイヴィチ＝ガガーリンを宇宙に送り出したことだ。また、驚くべきことに50年代に開発されたR-7の派生型（「ソユーズ」[※1]の名で知られる）は現在でも宇宙に人や物を送り続けている。コロリョフたちの設計が、いかに完成されたものであったかを物語る事実と言えるだろう。

ソヴィエトにおけるロケットの始祖

# Р-1 R-1／Р-2 R-2

▷ナチスドイツ
V2 ロケット

ソヴィエトのロケット開発は
ドイツの V2 ロケットを
奪うことから始まったのだ！

ソヴィエトは V2 を
マルっとコピーした R-1、
その改良型 R-2 を作り、
弾道弾の技術を学んで
いったんだ

▷R-2

◁R-1

有名なスカッドミサイルは
彼らの直系の子孫だよ

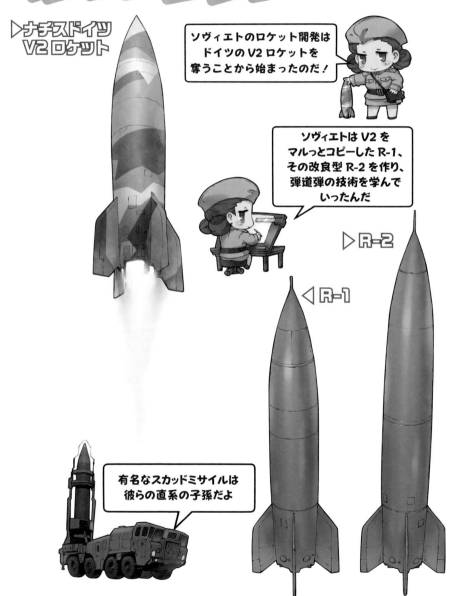

## ■兵器としての限界

さて、宇宙開発用ロケットとしては完成されていたR-7だが、弾道弾としては"とにかく実用化をはじめた"という程度のものでしかない。もっとも大きな理由は、酸化剤に液体酸素を用いていることだ。前述のとおり、液体酸素はタンクに貯蔵したまま保管することができず、即応性に欠けている。発射重量は270 tに達し、地上の発射台から発射する方式だったこともあり、実用的な兵器とは言い難かった（加えて、イカのような形状は、ののち主流となるサイロ発射式には適さない）。

次に開発されたのが「P-9[R-9]」で、発射重量は80 tに抑えられ、サイロに納まりやすい円柱状のすっきりしたかたちとなった。射程は大幅に伸び、液体酸素の充填時間は20分にまで短縮されたが、それでも"マシになった"程度の変化でしかなかった。

第1試作設計局はこれを最後に兵器開発から手を引き、以降は宇宙開発用ロケット専業となる。

※1：ロシア語表記では「Союз」。「"サ"ユーズ」の発音がより正しい。

## 1.6 史上最強の戦略兵器——重大陸間弾道弾

### ■初めての実用的弾道弾

1954年、コロリョフの設計局で働いていたミハイル＝クジミチ＝ヤンゲリが独立し、ウクライナのドゥニエプロペトロフスク（現ドニプロ）に開設された「第586 試作設計局」の設計局長となった。彼が率いる第586試作設計局は「P-12[R-12]」、「P-14[R-14]」といった中距離弾道弾を開発したのちに、それらで培われた技術をもとに大陸間弾道弾「P-16[R-16]」を開発した。これら一連の弾道弾は弾道弾に充填したまま貯蔵可能な酸化剤を用いたことで、初めて実用的な弾道弾となった※2。

R-16は、直径3m、発射重量140 tと巨大な弾道弾だったが、ソヴィエトを象徴する"重大陸間弾道弾"の祖として、その系譜がのちに続いていくことになる。また、R-16からサイロ発射方式が採用され、いよいよ本格的な戦略兵器としての姿が整えられた。

R-16を大型化したものが「P-36[R-36]」で、重量180 t、投射重量は5 tを超えた。R-36は、その巨体を大気圏外に打ち上げるため、第1段には、1つのポンプと2組の燃焼室＆ノズルを持つロケットエンジンを3基も搭載していた。合計6基のノズルから燃焼ガスを噴出するさまは圧巻である。なお、このR-36から、燃料に非対称ジメチルヒドラジン、酸化剤に四酸化二窒素を使うようになり、現在でもこの組み合わせが液体燃料式弾道弾のスタンダードになっている。R-36は、燃料と酸化剤を充填したまま7年間の保管が可能となっている。

### ■P-36シリーズの発展

R-36は、「P-36П[R-36P]」、「P-36M[R-36M]」、「P-36M УТТХ[R-36M UTT Kh]」、そして史上最強の大陸間弾道弾「P-36M2[R-36M2]ヴォィエヴォダ（Воевода、司令官）」へと進化し、アメリカに対する"最後の切り札"と目されるようになる。順を追って解説しよう。

R-36は、各出力8メガトンもしくは20メガトンの単弾頭を搭載していたが、R-36Pでは2.3メガトン弾頭×3発の分割弾頭方式となり、1基の弾道弾で複数目標を攻撃できるようになった。

R-36Mは、「R-36の改良型」※2という位置づけだが、第1段のエンジンが1つのポンプに4組の燃焼室＆ノズルを組み合わせた1基のロケットエンジンに置き換わるなど、まったく別モノと言えるほどに変化した。弾頭は単弾頭（8メガトンか20メガトン）、400キロト

ン×10発の分割弾頭、1メガトン×4発および400キロトン×6発の混載分割弾頭——以上のいずれかを選べる。また、戦闘状態（燃料充填状態）での待機期間は10年以上となった。

また同シリーズの派生型「Р-36орб［R-36orb］」は、弾頭をいちど衛星軌道まで打ち上げ、その軌道上から地上目標に落下させるという方式が採られ、これは原理的に無限の射程を持つ"全地球攻撃システム"とでも言うべきものだった。1968年から計18基が実戦配備されたが、米ソの戦略兵器削減交渉（第2次戦略兵器制限交渉）の制限対象となり1983年に全廃されている。

最終的に同シリーズは、分割弾頭の性能を高めたR-36M UTTKh[3]を経て、完成形と言うべきR-36M2にいたる。同型はヤンゲリのもとで開発がスタートしたが、彼は1971年に亡くなり、ヴラディーミル＝フョードロヴィチ＝ウトゥキンが開発陣を率いた。

## ■西側が恐れた"魔王"

R-36M2は冷戦が生んだ"怪物"であり直径3ｍ、発射重量211 tの、とてつもなく巨大な弾道弾である。アメリカの大陸間弾道弾LGM-30の発射重量35 tと比較すると、その巨大さが理解できるだろう。

最大射程16,000km、最大投射重量は8,800kg。弾頭は短弾頭（8メガトンか20メガトン）、750キロトン×10発の分割弾頭、もしくは750キロトン×6発および150キロトン機動式核弾頭（誘導戦闘ユニット）×4発——のいずれかを選べる。

単に巨大で投射重量が大きいというだけではなく、能力面でもさまざまに改良された。

・発射指令を受けてから、発射するまでの時間を短縮した。
・ロケットエンジンの推力を上げて、探知さ

れやすく攻撃に脆弱なブースト・フェイズの時間を短縮した。
・核による迎撃[4]や核攻撃下での発射も考慮し、耐放射線コーティングを施して耐性を高めた。
・分割段を改良して弾頭の命中精度を高めた。さらに1基が攻撃できる目標の範囲を広げた（弾頭をより広い範囲に落とせるようにした）。
・戦闘状態での待機期間を15年に延長した。

実戦配備は1988年からだが、本書の執筆時点でもロシア軍では46基が実戦運用されている。冷戦時代、西側はR-36M2（および同M、同M UTTKh）に「サタン（魔王）」のコードネームを与えており、いかに恐れていたのかが伺える。

1991年、ソヴィエト連邦の解体により設計局が所在するウクライナが別の国となったことで、R-36の系譜は途切れてしまう。しかし"最後の切り札"の価値は計り知れず、ロシアは自国の技術でR-36M2を再設計した新型重大陸間弾道弾「РС-28［RS-28］サルマート（Сармат、サルマティア人）」を開発中である。

※1：R-12では過酸化水素、R-14とR-16では硝酸と四酸化二窒素の混合物を酸化剤に用いた。
※2：ソヴィエト兵器は改良型に「Модификация（改良型）」の一字「М」をつけてあらわしている。英字表記も変わらず「M」。
※3：「УТТХ」とは、「Улучшенными Тактико-Технические Характеристики」つまり「戦術技術特性の向上（改良）」の略であり、こちらも「М」同様に改良型をあらわすときによく見られる表現。英字表記では「UTTKh」。
※4：冷戦時代、弾道弾の迎撃は現在のような直撃式ではなく、敵の再突入体の近くで核爆発（中性子弾頭）を起こし、中性子により制御機器を破壊あるいは誤作動させたり、核弾頭を不完全爆発させて無力化することが考えられていた。

# 史上最強の大陸間弾道弾
# P-36M2
## R-36M2 ヴォイエヴォダ

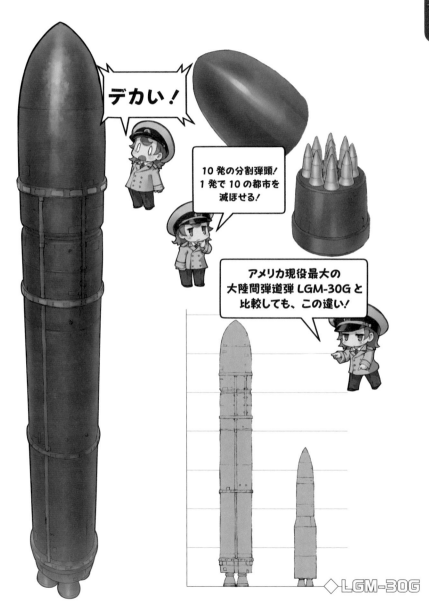

デカい！

10発の分割弾頭！
1発で10の都市を
滅ぼせる！

アメリカ現役最大の
大陸間弾道弾 LGM-30G と
比較しても、この違い！

◇LGM-30G

人類最強の兵器、R-36M2。西側が最も恐れた「最後の切り札」だった

R-36M2のノズル部。銀色のカヴァーがはめられ、その底部に緑色の突起がついているが、これがコールド・ローンチのガスを発生させる火薬式蓄圧器で、発射時にはカヴァーがピストンのように下から弾道弾を押し上げ、空中で外れる。いずれも著者撮影

## 1.7 使い勝手のよい汎用大陸間弾道弾

### ■R-36Mを上回る生産数

　重大陸間弾道弾はたしかに恐るべき兵器ではあるのだが、その巨大さゆえに製造も運用も難しく、大量に配備できないという問題があった。そこで"汎用"大陸間弾道弾とも言うべき、より小型で利便性に優れた液体燃料式弾道弾が並行して開発された。生産数から見ると、前述のR-36Mシリーズは、最大で308基が同時配備されていたが、本節で扱うUR-100シリーズは最大で900基が配備され、アメリカとの軍拡競争で大きな役割を果たしている。汎用大陸間弾道弾の開発を担当したのが、「第52試作設計局」であった。

　第52試作設計局のヴラディーミル＝ニコラエヴィチ＝チェロメイ率いる開発陣が開発した「УР-100［UR-100］」は直径2m、発射重量50 tと、第1試作設計局が開発した初期の大陸間弾道弾や重大陸間弾道弾に比べて、大幅に小型化されている。第52試作設計局はこれを「УР-100K［UR-100K］」、「УР-100У［UR-100U］」、「УР-100Н［UR-100N］」、「УР-100Н УТТХ［UR-100N UTTKh］」と発展させていく。初期のタイプは小型さゆえに単弾頭であったが、UR-100U以降は多弾頭となる（U型で3発、N UTTKh型で6発）。最終型のUR-100N UTTKhは現役で、アメリカのミサイル防衛システムを突破すべく開発された極超音速滑空弾頭「アヴァンガルト」（127ページ参照）の最初のキャリアとなった（なお、前節で述べたRS-28が就役すれば、そ

ちらが主たるキャリアとなる）。

　なお、UR-100シリーズの開発は第586試作設計局でも行われ、こちらは頭に"MP［MR］"と表記される（MR UR-100、MR UR-100UTTKh）。MR UR-100UTTKhは多弾頭型（4発搭載）である。MR系統はやや大型化しており、発射重量は70 tほどある。この系統は最大150基が同時配備され、ソヴィエトの核抑止力に大いに貢献したが、1990年ごろにすべて退役している。こちらの開発陣を率いたのはR-36Mと同様、初期にヤンゲリ、後にウトゥキンである。

"汎用"大陸間弾道弾

# УР-100Н УТТХ
## UR-100N UTTKh

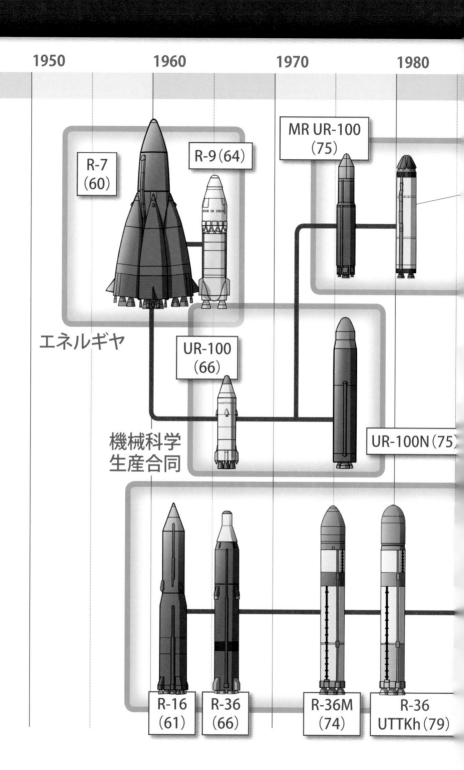

1950　　　　　1960　　　　　1970　　　　　1980

R-7
（60）

R-9（64）

MR UR-100
（75）

エネルギヤ

UR-100
（66）

機械科学
生産合同

UR-100N（75）

R-16
（61）

R-36
（66）

R-36M
（74）

R-36
UTTKh（79）

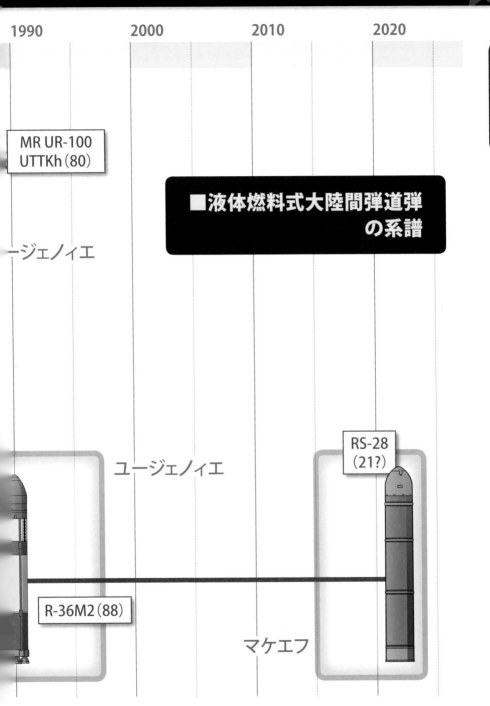

1990　　2000　　2010　　2020

MR UR-100
UTTKh（80）

ユージェノィエ

■液体燃料式大陸間弾道弾
　　　　　の系譜

ユージェノィエ

RS-28
（21?）

R-36M2（88）

マケエフ

※（　）内は就役年をあらわす。　※青いカコミは設計局をあらわす。

## 1.8 固体燃料式大陸間弾道弾の開発

### ■固体燃料式大陸間弾道弾の始祖「RT-1」

　ここまで液体燃料式の大陸間弾道弾を見てきたが、本節では固体燃料式の開発と運用について見ていこう。

　ソヴィエトで最初の固体燃料式大陸間弾道弾は第1試作設計局による「**PT-1 [RT-1]**」だが、試験結果が思わしくなかったため制式採用には至らなかった。RT-1をもとに改良・開発された「**PT-2 [RT-2]**」がソヴィエト最初の"実用化された"固体燃料式大陸間弾道弾となる。

　第1試作設計局は、同弾道弾の試験機が打ち上げられはじめた1966年の段階で、以降の開発を「第1中央設計局」に引き継ぎ、同設計局のヴァシリイ=パヴロヴィチ=ミーシン率いる開発陣がRT-2を完成させる。RT-2は、ペテルブルクの「第7中央設計局」が改良を担当することになり、ピョートル=アレクサンドロヴィチ=テューリン率いる開発陣が「**PT-2П [RT-2P]**」を完成させる。

### ■世界初の移動発射式大陸間弾道弾

　一方で、第1中央設計局では、アレクサンドル=ダヴィドヴィチ=ナディラドゥゼ率いる開発陣によって移動式大陸間弾道弾「**PT-21 [RT-21]**」が開発されたが、政治的問題から実戦配備は見送られた。しかし、そこで培われた技術をもとに、RT-2Pを移動発射式（車輌発射式）とした「**PT-2ПM [RT-2PM] トーポリ (Тополь、ポプラ)**」を開発する。RT-2PMは、世界初の移動発射式大陸間弾道弾であり、同シリーズは現在も配備されている。

　ロシア語で「地上移動式ロケット複合体」[※1]と呼ばれ、移動から発射まですべての機能が1台の車輌に納められた輸送起倒発射車輌に弾道弾が搭載されている。道路上のみならず不整地も自由に移動し、発射指令を受けてか

らたった2分（！）で発射できるため、敵の先制攻撃に対する高い生存性と反撃能力を有している。

　弾道弾本体を見ると、RT-2PMは姿勢制御に一般的なノズル偏向方式（ノズルの向きを変えて姿勢を制御する）とは異なる方法を採用している。ノズルは固定されており、鉛直方向に噴出されている燃焼ガスに対して、適宜違う角度からガスを噴き込むことで姿勢を変える。また、第1段には空力舵もついており（第1段は大気圏内を飛行するため）、ガス噴き込みとあわせて姿勢を制御する。

### ■ロシア核戦力の主力

　さらに改良型の「**PT-2ПM2 [RT-2PM2] トーポリM**」では、アメリカのミサイル防衛システム[※2]を突破することを目的に開発が行われた。具体的には、推力を上げることでブースト・フェイズの時間を短縮し、またブースト・フェイズで複雑な機動を行えるようになっている。これにともない前述の特殊な姿勢制御方式は廃止され、一般的なノズル偏向方式となった。

　誘導方式では通常の慣性航法に加え天測航法（星の方位を観測することで自位置を把握する）を取り入れることで精度を向上させた。また、モーターケースに複合材料を使用したり、放射線対策（核による迎撃対策）を施したりと、他の新世代弾道弾と同様の改良が加えられた。発射車輌はロシア独自の衛星測位システム「グロナス (ГЛОНАСС)」[※3]に対応し、いかなる場所でも正確な発射位置を把握することで、着弾精度を向上させた。

　近年では、RT-2PM2を多弾頭化した「**PC-24 [RS-24] ヤルス (Ярс[※4])**」が登場している。RT-2PMで550キロトン単弾頭、RT-2PM2で1メガトン単弾頭だったものが、RS-24では300キロトン×3ないし4発となった。現在、RT-2PM／RT-2PM2／RS-24

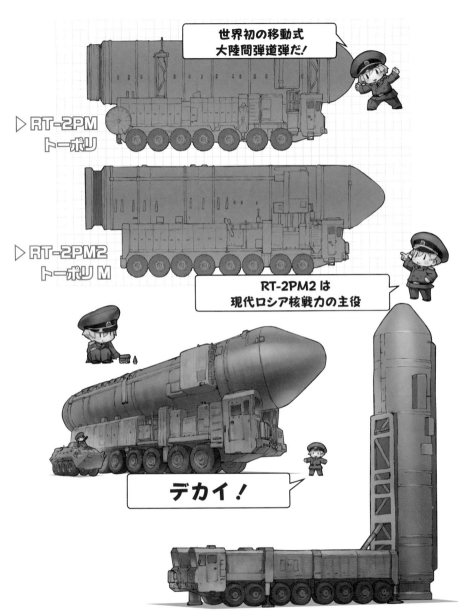

世界初の移動式
大陸間弾道弾だ!

▷ RT-2PM
　トーポリ

▷ RT-2PM2
　トーポリ M

RT-2PM2 は
現代ロシア核戦力の主役

デカイ！

世界初の移動式大陸間弾道弾
# РТ-2ПМ
RT-2PM トーポリ

[RT-2PM2 の
発射姿勢]

はロシアの主力大陸間弾道弾となっている。ちなみに、ナディラドゥゼはRT-2PM制式採用の前年（1987年）に惜しくも亡くなっており、以降はボリス=ニコラエヴィチ=ラグティンが同シリーズの開発陣を率いた。

## ■世界唯一の鉄道発射式大陸間弾道弾

　弾道弾開発の雄である第586試作設計局でも、固体燃料式大陸間弾道弾の開発は行われていた。1960年代初め、ヤンゲリ率いる開発陣は車輌発射式として「**PT-20 [RT-20]**」を開発し、実際に製造されたものとして世界初であったが、実戦配備には至らなかった。その後、ウトゥキンのもとで発展型の「**PT-23 [RT-23]**」の開発が行われたが、開発中にアメリカの大陸間弾道弾LGM-118の情報がもたらされたことで、これを超える性能を目指して改良型「**PT-23УТТХ [RT-23 UTTKh] モロデツ**（Молодец、「よくやった」という意味）」として完成した。

　RT-23UTTKhは、第1中央設計局で車輌発射式の開発も行われたが、その100tを超える重量のため実現せず、第586試作設計局のもとで世界唯一の鉄道発射式大陸間弾道弾として完成した（サイロ式もあわせて配備された）。機能的には、前述の輸送起倒発射車輌と同様であるが、移動範囲が線路上に限られる反面、車輌発射式より大きな重量の弾道弾を運用できる。事実、RT-23UTTKhは発射重量105tとRT-2PM（45t）よりもかなりの大型で、その巨体を活かして多弾頭化（430キロトン×10発）されている。

　ロシア語では「戦闘鉄道式ロケット複合体[5]」と呼ばれ、ディーゼル機関車×2輌、燃料タンク車×1輌、発射発令車輌×7輌、弾道弾搭載車輌×3輌（1輌ごと弾道弾1基、合計3基）から成り、この1編成で1個ロケット連隊を構成する。

　RT-23UTTKhで注目すべきは、燃料に従来のアルミニウムに替えて水素化アルミニウムが使われている点だ。これによりエネルギー効率が高められている。また、モーターケースに繊維強化有機プラスチック、ノズルに炭素繊維強化プラスチックが使われ、軽量化が図られている。搭載する電子機器は17年の歳月と、6回の核実験を費やした耐放射線仕様のものが採用されている。

　さて、移動発射式弾道弾は鉄道・車輌型とも地下サイロ式に比べて（当然ながら）爆風に弱い。サイロが100気圧以上の圧力に耐えるのに対して、鉄道発射式は縦方向0.3気圧、横方向0.2気圧しか車輌が耐えられない（RT-23UTTKhは実際に、近くで核爆発を起こす試験を実施し、その耐久性を調べている）。RT-23UTTKhは、1990年代には最大でサイロ発射式6個連隊（計56基）、鉄道発射式12個連隊（計36基）が配備されたが、ロシアとアメリカとのあいだの戦略兵器削減条約（2002年 モスクワ条約）で全廃が決定し、現在は残っていない。

※1：ロシア語表記では「Подвижный Грунтовый Ракетный Комплекс、ПГРК（PGRK）」。
※2：ここでいうミサイル防衛システムは、レーガン政権時代のもの。
※3：「グロナス（ГЛОНАСС）」は「ГЛОбальная НАвигационная Спутниковая Система（全地球位置衛星測位システム）」の略。
※4：「ヤルス（Ярс）」は「Ядерная Ракета Сдерживания（抑止用核ロケット）」の略。
※5：ロシア語表記では「Боевой Железнодорожный Ракетный Комплекс、БЖРК（BZhRK）」

列車のなかから
ロケットが！

世界唯一の鉄道発射式大陸間弾道弾

# PT-23УTTX
## RT-23UTTKh モロデツ

世界唯一の鉄道発射式大陸間弾道弾 RT-23UTTKh の発射車輌とそれを牽引するディーゼル機関車 DM-62。天空にそそり立つ緑色の筒が輸送発射コンテナで、この中に RT-23 が入っている。この姿は、まさに「迫撃砲発射」そのもの（著者撮影）

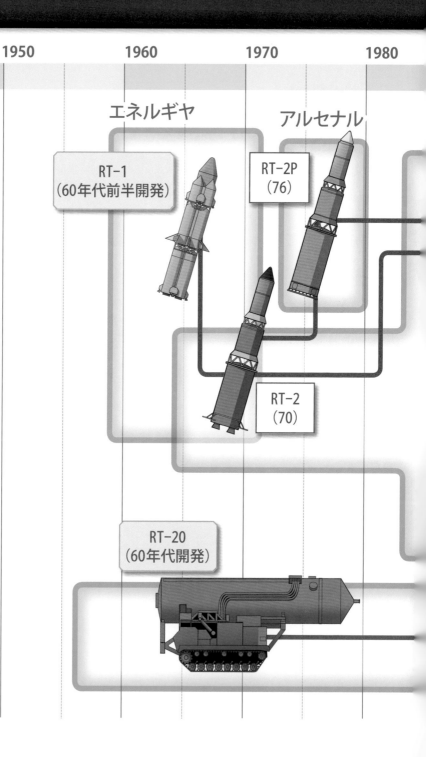

エネルギヤ

アルセナル

RT-1
（60年代前半開発）

RT-2P
（76）

RT-2
（70）

RT-20
（60年代開発）

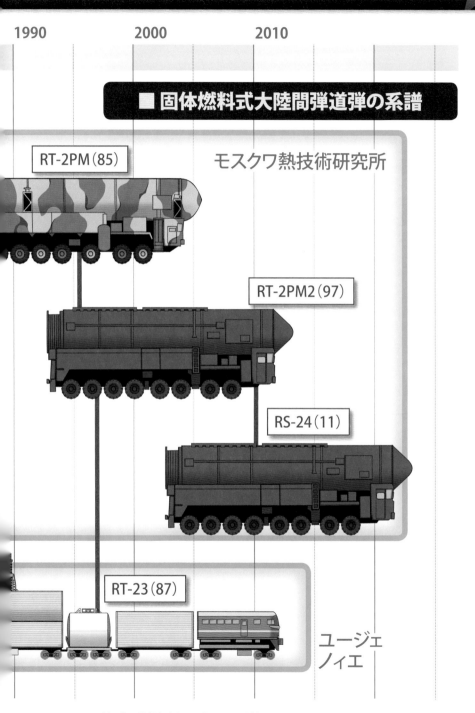

1990　　2000　　2010

## ■ 固体燃料式大陸間弾道弾の系譜

RT-2PM（85）　モスクワ熱技術研究所

RT-2PM2（97）

RS-24（11）

RT-23（87）

ユージェ
ノィエ

※（ ）内は就役年をあらわす。オレンジ色で囲んだものは開発のみで採用はされていない。
※青いカコミは設計局をあらわす。

# 大陸間弾道弾の戦力推移

## ■戦略任務ロケット軍

　アメリカ合衆国では空軍が大陸間弾道弾を管理している。一方のソヴィエト連邦では陸海空軍とは別に大陸間弾道弾および中距離弾道弾を管理する独立した軍種が存在する。それが「戦略任務ロケット軍（Ракетные войска стратегического назначения、РВСН）」である。ソヴィエト時代、"最後の切り札"を扱う戦略任務ロケット軍は最高のエリート部隊であった。

　戦略任務ロケット軍は、ソヴィエト連邦を構成する国々のうち、ロシア、ウクライナ、ベラルーシ、カザフスタン、バルト3国の7ヵ国に弾道弾を配備していたが、1991年のソヴィエト崩壊後は、これらの弾道弾はロシア連邦に集約され、残りの国々は核兵器（および戦略用途の弾道弾）を放棄している。

　ロシア連邦において、2001年より戦略任務ロケット軍は軍種から"独立兵科"に（制度の上では）格下げとなったが、今もなお海軍の戦略核部隊とあわせて、世界で唯一アメリカを消滅させることができる存在として、ロシア軍のもっとも重要な戦力であり続けている。

## ■部隊の編制

　ソヴィエト／ロシア軍では、大陸間弾道弾の部隊は［軍（армия）―師団（дивизия）―連隊（полк）］と陸軍式になっている（軍と師団の間に軍団が設けられる場合もある）。アメリカが空軍式［航空軍（air force）―航空団（wing）―飛行隊（squadron）］であるのと対照的である。それぞれ両者がどの軍種から発展したのかを察することができる。

　部隊の配置や数は時代によって大きく変化してきた。以下に主要な3つの時期の配備状況を示しつつ、大陸間弾道弾部隊の配備の変遷を追っていこう。

RSD-10 中距離弾道弾（著者撮影）

# 戦略任務ロケット軍の司令部——1962年

1960年から61年にかけて、多くのロケット師団とロケット連隊が編成され、61年から64年にかけて弾道弾が配備されていく。62年は、まさに創成期の戦略任務ロケット軍の姿と言えるだろう。だが、この時期は編成途上で実戦配備についていない連隊が多く、また弾道弾はあっても核弾頭が間にあわないものもあった。まさに"ハッタリの軍隊"であった。1962年は「キューバ危機」の年として知られているが、この中身をともなわない実態のため、フルシチョフはケネディに屈することになったのだ。

キューバ危機の屈辱からソヴィエトは大陸間弾道弾の増産に努め、70年代初頭には相当な数を配備することに成功する。この時期、重大陸間弾道弾R-36の大量配備が始まり、中距離弾道弾は大陸間弾道弾に更新される。地下サイロ式の普及とあわせて攻撃力・防御力ともアメリカに匹敵する核戦力が整備された。

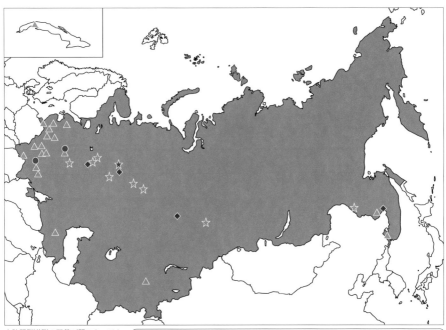

大陸間弾道弾の配備が間にあっておらず、中距離弾道弾が主力となっている。配備が西部に偏っているのは、そうしないと敵地（欧州）に届かないからだ。キューバに中距離弾道弾を配備しようとしたのも、この時代ならではの理由からだ。

- ●軍司令部
- ◆軍団司令部
- ★師団司令部 - 重大陸間弾道弾(サイロ式)
- ☆師団司令部 - 重大陸間弾道弾(発射台式)
- ★師団司令部 - 大陸間弾道弾（サイロ式）
- ☆師団司令部 - 大陸間弾道弾（移動式）
- ▲師団司令部 - 中距離弾道弾（移動式）
- △師団司令部 - 中距離弾道弾（発射台式）

第1章

# 戦略任務ロケット軍の司令部——1985年

1985年といえば、ソヴィエト連邦軍の最盛期にあたる。核戦力はアメリカを抜き、名実ともに世界最強の超超大国として君臨した黄金期である。弾道弾の新型化（R-36→R-36M／R-36M UTTKhなど）が進み、また世界初の移動発射式大陸間弾道弾RT-2PMも配備された。また、（本章では触れていないが）中距離弾道弾「RSD-10」の配備がスタートした。これまでの中距離弾道弾が、大陸間弾道弾への過渡期的存在であるのに対して、RSD-10は当初より欧州や中国を狙って開発されている。

これ以降はソ米（露米）間で核軍縮の機運が高まり、中距離核戦力全廃条約（1987年調印）や戦略兵器削減条約（第1次：1991年調印／第2次：1993年調印）が締結され、またソヴィエト連邦の解体（1991年）もあって、その戦力は大きく削減される。

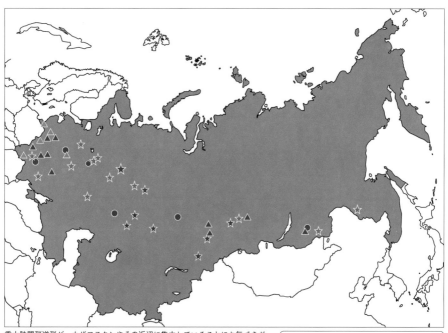

重大陸間弾道弾が、カザフスタンやその近辺に集中していることにお気づきだろうか。可能な限り内陸部に配置することで、アメリカ合衆国の弾道弾搭載潜水艦が海岸線に接近しない限りこれを攻撃出来ないようにするためだ。そのような特別の配慮をするくらい、この「切り札」には価値がある。中距離弾道弾RSD-10（青色▲）は当時、日本の大きな脅威となっていたが、極東よりもシベリアに多く配備されており、日本よりはむしろ中国を標的にしていたことがわかる。同弾道弾は、このあと中距離核戦力全廃条約で廃止される。

●軍司令部

◆軍団司令部

★師団司令部 - 重大陸間弾道弾（サイロ式）

★師団司令部 - 重大陸間弾道弾（発射台式）

★師団司令部 - 大陸間弾道弾（サイロ式）

★師団司令部 - 大陸間弾道弾（移動式）

▲師団司令部 - 中距離弾道弾（移動式）

▲師団司令部 - 中距離弾道弾（発射台式）

# 戦略任務ロケット軍の司令部——2020年

1990～2000年代は軍の規模が縮小する一方で、装備の質は近代化された。重大陸間弾道弾は"人類最強の兵器" R-36M2に、汎用大陸間弾道弾はUR-100N UTTKhに更新され、移動発射式大陸間弾道弾RT-2PM2の配備が開始される（ただし、00年代にはサイロ式のみ）。

さらに現在、汎用大陸間弾道弾UR-100N UTTKhはサイロ発射型RT-2PM2やRS-24への更新がさており、わずかに残っているものは「アヴァンガルト」のキャリアとなっている。移動発射式大陸間弾道弾は完全にRT-2PM2に置き換わり、さらにRS-24も登場した。重大陸間弾道弾R-36M2についても、RS-28に置き換わる予定となっている。

90年代以降、師団数は大幅に削減された。重大陸間弾道弾は2個師団を残すのみ、極東に配備されていた師団も無くなっている。一方で移動発射式大陸間弾道弾を装備する師団は相当数が生き残っており、主力となっている。

- ● 軍司令部
- ◆ 軍団司令部
- ★ 師団司令部 - 重大陸間弾道弾（サイロ式）
- ★ 師団司令部 - 重大陸間弾道弾（発射台式）
- ★ 師団司令部 - 大陸間弾道弾（サイロ式）
- ★ 師団司令部 - 大陸間弾道弾（移動式）
- ▲ 師団司令部 - 中距離弾道弾（移動式）
- ▲ 師団司令部 - 中距離弾道弾（発射台式）

# 海洋発射式弾道弾

©Ministry of Defence of the Russian Federation

## もう一つの戦略核戦力

第1章で地上発射式の弾道弾について述べたので、本章では、もうひとつの戦略兵器の柱、海洋発射式の弾道弾について話をしよう。本章でも第1章に倣い、基礎的な知識のおさらいをしてから、ソヴィエト連邦についての話に進みたい。また、潜水艦については基本的に第3章で扱うが、そのうち弾道弾搭載型の潜水艦については、本章で扱うこととする。

さて、英語では潜水艦発射式弾道弾を「Sub marine-Launched Ballistic Missile、SLBM」と呼ぶが、ロシア語では「Баллистические Ракеты Подводных Лодок（潜水艦用弾道ロケット）」と言う（略語は「БРПЛ [BRPD]」）。そして弾道弾搭載潜水艦は「Ракетные Под водные Крейсеры Стратегического Назначения」——「戦略任務ロケット水中巡洋艦」である（略語は「РПКСН [RPKCN]」）。

# 潜水艦発射式弾道弾の基礎知識

## 2.1 潜水艦から発射する"メリット"

### ■先制攻撃を思いとどまらせる"抑止力"

弾道弾を海洋から発射するという発想は、弾道弾開発のかなり初期から存在していた。潜水艦発射式の利点の一つは、敵国の海岸線近くまで移動できるため、射程の短い弾道弾でも"戦略兵器たりうる"ことだ(第1章参照)。位置が目に見えて明らかな水上艦艇と異なり、水中を航行する潜水艦は隠密性が高く、敵国に接近することも可能だと考えられた。しかし、敵国本土に近づけば近づくほど当然のように対潜網は濃密になり、潜水艦といえども作戦行動は大きく制約されることになる。結局のところ潜水艦から発射する場合でも、弾道弾の射程を長くして敵国本土から離れた場所から攻撃することになり、"敵国近くで発射できる"という利点は戦後の潜水艦および対潜水艦技術の発展とともに薄れていった。

しかし、もう一つ決定的な利点を潜水艦発射式は持っていた。上でも述べた"隠密性"である。広い海洋のどこに潜んでいるかもわからず、どこから撃たれるかもわからない——このことは従来の戦略を書き換えるほど極めて重要な意味を持っていた。

仮に全面核戦争が起きたとき、最初に攻撃すべき標的は敵の戦略兵器基地である。通常兵器基地や政府中枢・大都市などは二の次、三の次であり、敵の戦略兵器を潰して反撃の手段を奪うことが先決だ。ところが戦略兵器の配備場所が潜水艦となると、どこにいるのか判らないため、先制攻撃で潰すことは不可

## 抑止力としての潜水艦発射式弾道弾

A国がB国に先制核攻撃をする。B国の政府中枢や地上軍事施設は破壊されてしまう…

だけど——海中に隠れていた弾道弾搭載型潜水艦が生き残って報復核攻撃を行うのだ！

第2章

能になる。このため、敵国が弾道弾搭載型潜水艦を運用している場合、どれだけ徹底的に敵国本土を壊滅させようとも必ず報復攻撃を受けることになり、先制攻撃を思いとどまらせる"抑止力"として、最高の効果を生むことになる。

## 2.2 潜水艦発射式弾道弾の技術的課題

### ■大きさの制限

潜水艦からの発射が大きな利点を有していると言っても、いざ運用しようとすると地上発射式とは違った技術的なハードルや制約がある。

まず、あまり大きな弾道弾は潜水艦に搭載できない。たとえば200 t（重大陸間弾道弾R-36Mと同程度）と仮定したとき——潜水艦全体の排水量（数千～数万 t）よりはるかに小さいので、単純に積荷として考えれば積めそうな気もするが、"発射"するとなれば話は違ってくる。発射の反動を潜水艦が受け止めなければならないからだ。

潜水艦は水に浮かんでいるので、弾道弾を発射すれば必ず船体が傾く。仮に複数連続発射（英語で「サルヴォ（salvo）」と言う）する場合、この傾きは次に発射する弾道弾の発射にも影響を及ぼすため、影響を実用上無視できるほど小さくするためには、弾道弾は安易に大型化できず、一方で潜水艦を大型化する必要がある。史上最大の潜水艦発射式弾道弾であるR-39の発射重量が90 tなのに対して、母艦となる941型潜水艦（タイフーン級）の排水量が48,000 tであることを考えると、これくらいの重量比が限界であることがわかる。

### ■全長の制限

形状も制約を受ける。弾道弾は空気抵抗などを考慮して細長い形をしており、垂直に発射することを考えると長手方向を鉛直にして搭載する必要がある。潜水艦の場合、潜水艦の縦幅以内に納める必要があるため、どうしても寸詰まりの形状にせざるを得ない。実際の潜水艦発射式弾道弾では、このような形状でも必要な性能を確保すべく、第2段以降のノズルを伸縮式にしたり、第3段が分割段を貫くようにしたり、"長さの節約"のためさまざまな工夫がなされている。

### ■保存性と燃料

保存性の問題もある。地上にあれば必要に応じてメインテナンスを受けられるが、潜水艦内では（電子機器などのメインテナンスはある程度可能であるものの）ロケット本体に関する大規模なメインテナンスは難しい。しかも、本国から遠く離れた海のド真ん中で何ヵ月間も行動するので、できるだけメインテナンスの手間がかからないものが望ましい。特に燃料は保存性のよい固体燃料式が適している。

ただし、一部で誤解もあるようだが、潜水艦発射式弾道弾に液体燃料式が無いわけではない。アメリカは一貫して固体燃料式を採用しているのに対して、ソヴィエトでは液体燃料式が主流で、ロシア時代に入っても運用されている。二大核超大国の一方で何十年にもわたって運用されてきたものを無視して「固体燃料式でなければならない」と断定してしまうのはどうかと思う。

### ■着弾精度と航法

次に航法／誘導方式の問題である。第1章で話した通り、弾道弾は打ち上げたあとは重力に従って落ちていくだけのため、打ち上げ時の精度が着弾精度を決める。

誘導方式は「慣性航法（慣性誘導）」と呼ばれるもので、発射以降の加速度を測定し、それを積み上げていくことで現在位置が発射位置からどれくらい移動したのかを把握していく

# 弾道弾搭載型潜水艦の技術的課題

## ■大きさの制限
充分な大きさがないと、
連続発射に耐えられない！

発射の衝撃を受け止められる
大きさがないと、船体が動揺して
弾道弾の命中精度が低下するよ

そんなの
入らないよぅ

弾道弾は細長い！
潜水艦の胴体に
おさめるのは難しいよ

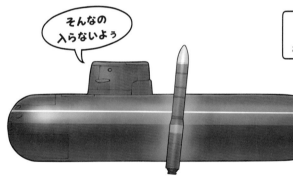

## ■長さの制限
細長い弾道弾は
潜水艦には
納まらない！

◁大陸間弾道弾
RT-2PM2
「トーポリM」
：22.6m

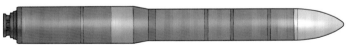

ブラヴァはトーポリMを
潜水艦発射式に改造したモノだけど、
こんなに長さが違う！

△潜水艦発射式弾道弾 R-30
「ブラヴァ」：11.5m

航法を用いる。そのため発射位置の精度がそのまま着弾精度に反映される。地上サイロであれば当然ながら正確な位置が測定されているが、潜水艦は自らが移動し、たとえ推進器を停止したとしても海流に流されて同じ場所にいるとは限らない。さらに言えば冷戦期にはグロナス（第1章参照）やGPSのような衛星測位システムも存在しない。

母艦である潜水艦は天測航法で自らの位置を測定し、弾道弾も慣性航法に加え、天測航法を併用することで着弾精度の向上を図った。

──以上、潜水艦の構造や運用に関連する弾道弾の技術的課題を整理した。続いて"水中から発射する"という潜水艦発射式弾道弾が抱える最大の技術的ハードルについて、第3節・第4節でそれぞれ説明していこう。

## 2.3 発射命令の受信

### ■超長波通信と指令書

潜水艦発射式弾道弾には、そもそも論として「発射命令をどのように受け取るのか？」という問題がある。水中は空気中に比べて電波がケタ違いに届きにくいため、通常の通信手段では命令を伝えることができない。いかに隠密性に優れていても、必要なときに発射できないのでは、存在しないも同然である。しかし、"届きにくい"のであって"届かない"わけではない。届きやすさで言えば、波長が長いほど届きやすくなる。

波長が長いとはどういうことなのか──たとえば、遠くの人にパネルに書いた文字を読ませる場合、小さな文字でゴチャゴチャ書いても判読できないが、大きな文字で書くほど判読しやすくなる。この"文字の大きさ"が電波の波長に相当すると考えればいいだろう。

電波の波長は、一般的なレーダーで1cm〜1m程度、FMラジオ放送で3〜4mであるが、潜水艦との通信に使われる「超長波（VLF、Very Low Frequency）」は、波長10〜100kmもの長さがある。これくらい"文字が大きい"と、水中からでも読めるわけである。

ただし、文字が大きいと、そのぶんパネルに書ける文字数は少なくなる。同様に、超長波は伝えられる情報量も限られてしまい、細かい命令を伝えることができないという問題が残る。そこで「指令書」が用いられる。

あらかじめ潜水艦に、詳細な命令を記した指令書を複数持たせておく。超長波通信は単に「○○番の指令書を開封せよ」程度だけ伝えればいい。受信した潜水艦は、命令に従って指令書を開封し、その通りに行動を開始するわけである。

### ■送信の手段──地上と空

一方で送信側は地上に送信施設を置いているわけだが、それだけでは潜水艦には届かない。地球は丸く、電波は直進するので、地上のアンテナから届く範囲は限られたものになる。遠くの海に潜む潜水艦に指令を送るには、力不足なのだ（超長波は他の波長に比べれば、地平線を超えて遠くまで到達するが、それでも範囲は限られる）。やはり、高い位置、つまり空中からの送信に勝るものはない。また、航空機は移動可能なため、本国以外からも送信できるという利点がある。

さらに、前述のように潜水艦発射式弾道弾は"本国が壊滅した場合でも報復を行える"ことが利点なのだから、そのためにも本国の通信施設とは別に活動できる航空機を運用することは、必須であるとも言える。ソヴィエト／ロシアとアメリカは、ともにこうした送信専用の航空機を運用している。前者が運用するのがTu-142MRで、後者が運用するのがE-6である。また、有事の際に最高司令官（書記長や大統領）を乗せて「空飛ぶ最高司令部」となる航空機──Il-80やE-4──にも、超長波の通信装置が搭載されている。

# 電波の"波長が長い"とは？

## 2.4 水中からの発射

### ■潜水艦発射式弾道弾の発射方法

　まず、一般的な潜水艦発射式弾道弾の発射方法について解説しよう。発射指令を受け取った潜水艦は、発射深度まで浮上する。一般的な弾道弾搭載型潜水艦の発射装置は、発射筒に水が入らないようにする樹脂カバーと、水圧に耐える耐圧蓋とで閉じられている。発射の際には耐圧蓋を開ける必要があり、樹脂カバーが水圧を受けることになるため、樹脂カバーで耐えられる深度まで浮上するわけだ。

　発射深度に達し、耐圧蓋を開くと、ガス発生装置により発射筒内に高圧のガスが充填される。充填後、樹脂カバーを破壊すると、この方向に圧力の逃げ道ができることで、ガスとともに弾道弾は打ち上げられ、水面に飛び出す。そして空中でロケットモーターに点火して弾道弾は目標に向けて飛翔していくことになる。これは第1章で説明したコールド・ローンチそのものだ。このような方法を用いることで、潜水艦本体は水中に潜んだまま、弾道弾を発射できるのである。潜水艦発射式弾道弾の隠密性を活かすには必要な技術と言えるだろう。

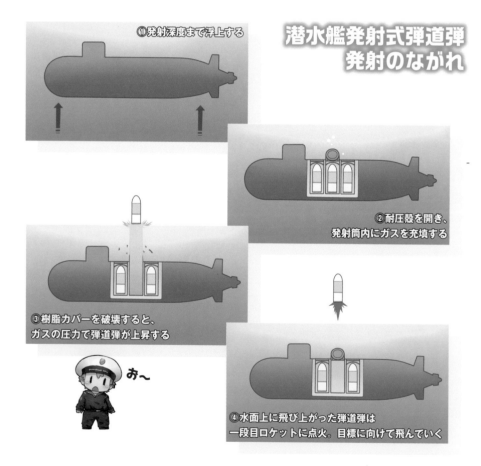

潜水艦発射式弾道弾
発射のながれ

①発射深度まで浮上する

②耐圧殻を開き、
発射筒内にガスを充填する

③樹脂カバーを破壊すると、
ガスの圧力で弾道弾が上昇する

お～

④水面上に飛び上がった弾道弾は
一段目ロケットに点火。目標に向けて飛んでいく

### ■ソヴィエト／ロシアの「緩衝ロケット発射システム」

ソヴィエト／ロシアの潜水艦発射式弾道弾の発射方式は、少し異なっている。同国の弾道弾には、先端部にキャップのようなものが被せられている。このキャップを「緩衝ロケット発射システム／APCC［ARSS］」[※1]と言う。ARSSは、取り付けた状態で輸送され、発射筒に装填、そのまま発射される。発射の流れを見ていこう。

ARSSを装着した弾道弾を潜水艦の発射筒に装填すると、頂部の円盤の下、段差のところが発射筒の頂部にピッタリとはまる。これにより耐圧蓋を開いても、発射筒には水が入らないようになる。発射はガス圧を利用する

が、前述の通りARSSを被せたまま弾道弾は水面へと打ち上がる。

ここで興味深いのは、水面に飛び出した弾道弾は点火直後、ただちに斜め方向に姿勢変更することだ。そして斜め上を向いた状態で、ARSSに内蔵された固体燃料式ロケット（頂部円盤の下にある）に点火し、ARSSだけを斜め上に飛ばして弾道弾から外す。これが充分に離れたところで、弾道弾はふたたび姿勢変更して鉛直方向を向き、飛んでいく。

なぜこのような複雑なことをしているのだろうか？　それは万が一、弾道弾本体のロケットモーターが点火しなかった場合の、安全性を考慮しているからである。もし鉛直に打ち上げた弾道弾がトラブルで点火しないと

# 「緩衝ロケット発射システム」とは

ロケット先端の"キャップ"のようなモノ。それが「緩衝ロケット発射システム」だよ

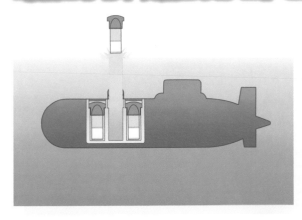

❶「緩衝ロケット発射システム」頂部の円盤部分は、発射筒の段差にピタリとハマり、潜水艦に収納される。発射時には、弾道弾は同システムを被せたまま、ガスの圧力で海上に射出される

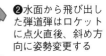

❷水面から飛び出した弾道弾はロケットに点火直後、斜め方向に姿勢変更する

❸斜めに傾いた状態で、同システムは円盤部に内蔵されたロケットで吹き飛ぶ

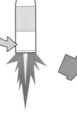

❹その後、弾道弾は鉛直方向に再度の姿勢変更を行い、目標に向けて飛翔していく

き、弾道弾は潜水艦の上に落下してくるので、とても危険だ。しかし、少しだけでも斜めに打ち上げておけば、点火に失敗しても潜水艦の上に落下してくる心配はない。実際に潜水艦の上に落下した例を著者は知らないが、大陸間弾道弾ではR-36M2が初めての発射実験の際に、ロケットエンジンが作動せずに落下し、サイロを破壊してしまった事故がある（1986年3月21日）。また、ARSS自体も、潜水艦の上に落下せず、弾道弾の進路を邪魔することもない。よく考えられた方法だと言える。なお、潜水艦に搭載された発射筒は、ロシア語では地上発射用サイロと同じく「竪穴式発射機」と呼ばれている。

　潜水艦発射式弾道弾についてのより詳しい技術解説を望まれる方は、拙著『弾道弾』（明幸堂）をご一読いただきたい。

※1：「Амортизационную Ракетно-Стартовую Систему」の略。

## 2.5 弾道弾搭載型潜水艦の技術的特徴

### ■アメリカが出した“正解”

　基礎知識解説の最後は、弾道弾を搭載する潜水艦について、その特徴を見ていこう。現在、弾道弾搭載型潜水艦の主流となっている構造は、アメリカのジョージ＝ワシントン級（1959年1番艦就役）が元祖と言える。同級は、汎用潜水艦スキップジャック級の船体をセイル後方で切断し、そのあいだに弾道弾の発射筒を並べた区画を挿入するという方法で建造された。この配置だと、発射筒が船体中央部に位置するので、発射時の反動による傾きを最小限に抑えることができる。同級はアメリカ初の弾道弾搭載型潜水艦ながら、以後すべての弾道弾搭載型潜水艦の“原型”ともなっていることから、アメリカの先進性を如実にあらわすものと言えるだろう。ソヴィエトが、試行錯誤しながら“いかにも開発途上”

といった兵器も実戦化して世に送り出すのに対して、アメリカはこのように“いきなり正解を出す”ことが多い。ジョージ＝ワシントン級は、その真骨頂を発揮した事例と言える。

### ■原子力推進式のメリット

　さて、潜水艦の推進方式には、原子力とディーゼル・エレクトリックがある。詳細は第3章で解説するが、ここでは原子力推進式のメリット──①エンジンの稼働に空気を使わない。②燃料を一旦入れると数年から数十年稼働する。③ケタ違いに出力が大きい──を理解しておいてもらいたい。①②により浮上無しでエンジンを稼働し続けることが可能であり、③の大出力による余力で海水から酸素を製造することができるため、食糧の続く限り、何ヵ月でも水面下に潜むことができる。これによる高い隠密性のため、弾道弾搭載型潜水艦には原子力推進式が望ましい。

　一方で、静粛性の面では原子力はディーゼル・エレクトリック推進式に劣る。というのも、原子炉のタービンとギアが大きな音を立てるからだ。ディーゼルエンジンもそれなりの音を立てるが、潜航中はそれを止めてモーターで動くので、はるかに音が小さい（ディーゼルエンジンで発電して蓄電池に充電。その電力でモーターを稼働させる）。それでも前述した①〜③のメリットが大きすぎるため、原子力推進式が採用されているのである。静粛性は別の技術によって低減する、というわけだ。

　なお、モーターの静粛性に注目したアメリカは、次期弾道弾搭載型潜水艦「コロンビア級」（2021年より建造開始）において、原子炉を使って発電した電力でモーターを動かす方式を採用する予定である。これにより、巨大な音を出すギアを無くし、静粛性の大幅な向上を見込んでいる。

# ソヴィエト連邦／ロシア連邦の潜水艦発射式弾道弾

## 2.6 液体燃料式──ソヴィエト海洋核戦力の中核

### ■第一歩となったR-11FM

　潜水艦発射式弾道弾の技術的な特徴を理解したところで、いよいよソヴィエト連邦における開発史を見ていこう。ソヴィエトの潜水艦発射式弾道弾は液体燃料式からスタートし、現在も海洋核戦力の一翼を担っている。

　潜水艦発射式弾道弾の開発も、地上発射式弾道弾と同じく、コロリョフ率いる「第1試作設計局」から始まった。ベースとなったのは、同設計局が開発した地上発射式の戦術ロケットR-11だ。第1章でも述べたように、R-11と改良型R-17（いわゆる「スカッド」シリーズ）は、歴史上、ナチスドイツのV2に次いでもっとも多く実戦使用された弾道弾である。

　R-11を海洋発射式とした「Р-11ФМ[R-11FM]」が、ソヴィエト初の潜水艦発射式弾道弾となる。液体燃料式かつ地上発射式のものを転用することから開発をスタートさせた点は、いかにも同国らしい手堅いやり方である。最初から、完成度の高い固体燃料式ミサイル「UGM-27」を登場させたアメリカとは対照的である。なお、「Ф」は「флот（フロート、艦隊）」の頭文字で、海洋型であることを示している。「М」は第1章でも述べた通り、改良型を示す。

　さて、完成したR-11FMだが、射程はわずか150kmで水中発射もできなかったため、攻撃の際には敵国の海岸線ギリギリまで接近し、海面上に浮上しなければならないという、とても実用的兵器とは言えない代物だった。しかも、搭載する潜水艦はディーゼル・エレクトリック推進式で長時間潜航はできず、なおさら敵国の海岸線まで接近するなど不可能だった。

　R-11FMを搭載したのは汎用潜水艦「611型」（NATO名称：ズールー級）を改造したもので、セイルに2基のR-11FMを搭載した。まず1隻が改造され各種試験を行ったのち、さらに5隻が改造された。前者は「B611[V611]型」、後者は「AB611[AV611]型」と呼ばれた。地上発射式転用のR-11FMは、潜水艦発射式弾道弾に特有の"寸詰まり"型をしておらず細長かったため、小さなディーゼル・エレクトリック推進式潜水艦の船体部には収納できなかった。そのため、セイルが利用されたが、搭載数は2基に限られてしまった。

　R-11FMは能力的には充分とは言えないものの、とにかく"開発を始めた"という点で記念碑的な弾道弾である。どのような長い道のりも必ず最初の一歩はあるもので、その一歩がいかに目的地まで遠いからといって馬鹿にするのは間違いである。R-11FMは、ロケット複合体（発射機構を含めた構成システム全体）としての名称は「Д-1[D-1]」と呼ばれる。ソヴィエト潜水艦発射式弾道弾の輝かしい第一歩であったことがわかる。

　なお、R-11FMは水上艦艇に搭載する計画もあった。200基（！）搭載の「1080型」ロケット巡洋艦であるが、計画だけに終わった。圧倒的な戦力差でもない限り、鈍重な水上艦艇が敵国の海岸線にまで接近できるチャンスなど無いので、計画中止は当然とも言える。

### ■いまだ過渡期のR-13

　R-11FMの改良型「Р-13[R-13]」の開発半ばから、潜水艦発射式弾道弾は「第385試作設計局」が手掛けることとなった。R-13は、2つの点でR-11FMから大きく進歩していた。1つは姿勢制御の方法が、燃焼ガスの流れを阻害する板を動かして向きを変えるジェット

ヴェイン式から、ノズル自体の向きを変えるノズル偏向式になったこと[1]。もうひとつは弾頭が切り離し式なったことだ。R-11FMは、オリジナルのR-11同様、弾道弾全体が一体となったまま着弾するものだった。R-13はR-11FMより射程は4倍となったが、それでも600kmという程度で、やはり海面上に浮上して発射する方式だった。複合体としての名称は「**Д-2 [D-2]**」である。

　R-13を搭載するため新たなディーゼル・エレクトリック潜水艦が建造された。これが「629型」（NATO名称：ゴルフⅠ級）だが、やはりセイルに収納する方式で、3基しか搭載できなかった。また、セイルを使っても深さが足りないため、弾道弾を収納している部分は船体が下に出っ張った、いささか不格好な形状をしていた。まさに過渡期的な潜水艦ではあったが、アメリカとの軍拡競争の真っただ中にあったため、発射試験用の「**629Б [629B]**型」を含め23隻も建造され、初期の海洋核戦力の一翼を担った。

**ＡＢ611型**
AV611 ズールー級（改造）

ここに2本

初期は弾道弾をセイルに搭載していたよ

**629型**
ゴルフ級

ここに3本

この時代は海面に浮上して弾道弾を発射していたよ

セイル高では足りなくて、お腹が膨れているね

**658型**
ホテル級

ここに3本

658型は原子力推進！水中発射可能なR-21を搭載し、いよいよ実用性が高まったよ！

## ■水中発射を実現したR-21

629B型で試験が行われたのが、「P-21 [R-21]」である（複合体名称は「Д-4 [D-4]」）。R-21はR-13を水中発射可能としたもので、試験の成功を受けて14隻の629型がR-21搭載の「629A型」（NATO名称：ゴルフII級）に改修された。水中発射可能となったことで、実用的な潜水艦発射式弾道弾に向けて大きく前進し、射程も1,400kmに伸びた。

また、この時期にはソヴィエト初となる原子力推進式の弾道弾搭載型潜水艦が就役した。「658型」（NATO名称：ホテルI級）である。ソヴィエト初の原子力潜水艦627型をもとに設計されている（627型については第3章で解説する）。658型はR-13を搭載したが、のちにR-21搭載の改修を受けて「658M型」（NATO名称：ホテルII級）となっている。しかし、相変わらずセイルに3基搭載する方式だった。658型は8隻建造され、うち7隻が658M型に改修され、残り1隻は「701型」（NATO名称：ホテルIII級）という発射試験潜水艦に改修された（後述）。

ちなみに658型の1番艦「K-19」は原子炉事故や人災事故、衝突事故を繰り返した"呪われた艦"であり、映画にもなっている。

## ■R-27と667A型潜水艦——本格的海洋核戦力の獲得

ソヴィエトは「P-27 [R-27]」弾道弾と「667A型」潜水艦（NATO名称：ヤンキーI級）の登場によって、アメリカに対抗できる本格的な潜水艦発射式弾道弾および潜水艦を獲得することができた。

R-27は"寸詰まり"形状の弾道弾で、以後に開発された潜水艦発射式弾道弾の基礎となった。アメリカ初の潜水艦発射式弾道弾UGM-27Aに外観が似ているが、あちらは固体燃料式、R-27は液体燃料式で、技術的にはまったく別モノである。

667A型潜水艦はR-27をセイル後方の船体に2列16基搭載するという、ソヴィエトで初めて、弾道弾搭載型潜水艦として"標準的な"配置が採用された。アメリカのジョージ＝ワシントン級に倣ったことは、想像に難くない。

第2章

# 667A型
## 667A ヤンキーI級

"寸詰まり"型弾道弾 R-27の登場で、船体に弾道弾を収納できるようになったよ

49

また、当然ながら同艦は原子力推進式である。667A型がいかに画期的であったのかは、34隻もの大量建造が行われたことからも明らかだろう。R-27の複合体名称は「Д-5 [D-5]」。667A型潜水艦の計画愛称は「ナヴァガ (Навага、コマイ)」である。

続いてR-27は多弾頭化（3発搭載）された。「Р-27У [R-27U]」である（複合体名称「Д-5У [D-5U]」）。「667АУ [667AU]型」潜水艦に搭載された。ただし、これらの弾頭は個別に目標を狙えず、散弾のように弾頭をバラ撒くだけである。667AU型潜水艦は、667A型を改修したものが7隻、最初から667AU型として就役したものが6隻、計13隻就役している（いずれも先ほどの"34隻"に含まれる）。

### ■2段式で射程が大幅に延長したR-29

第385試作設計局では、R-27の開発で得た技術をもとに、まったく新しい系列の弾道弾を開発した。それが「Р-29 [R-29]」である。試験は前述の701型で行われた。R-29は2段式となり、射程は7,800kmと大幅に向上した。この射程により、ソヴィエトは北極海やオホーツク海の潜水艦からアメリカ本土を攻撃することが可能となった。複合体名称は「Д-9 [D-9]」である。

R-29を搭載するために開発された潜水艦が667A型の改良である「667Б [667B]型」（NATO名称：デルタI級）だ。弾道弾自体が大型化したことで、発射筒のある船体部が上に盛り上がっているのが同型の外見的特徴となっている。また搭載数も12基に減少している。667B型の計画愛称は「ムレナ (Мурена、ウツボ)」であり、18隻建造された。

R-29の改良型「Р-29Д [R-29D]」は、さらに射程が延伸され、9,000kmに達した（複合体名称「Д-9Д [D-9D]」）。搭載する潜水艦は667B型を改良した「667БД [667BD]型」（NATO名称：デルタII級）で、搭載数を16基に増やすため船体が延長されている。667BD型の計画愛称は「ムレナM (Мурена-M)」である。

### ■液体燃料式弾道弾の最終進化型 ——R-29R系列

「Р-29Р [R-29R]」から、R-29系列は多弾頭型となる（複合体名称「Д-9Р [D-9R]」）。R-29Rには、3つの弾頭（200キロトン×3）のR-29Rに加え、7つの弾頭（100キロトン×7）を備える「Р-29РК [R-29RK]」と、単弾頭型（450キロトン）の「Р-29РЛ [R-29RL]」のバリエーションがあった。多弾頭型はR-27Uと異なり、本格的な分割段を備えて核弾頭が個別の目標を狙えるようになった。なお、単弾頭型R-29RLの射程8,000kmに比べて多弾頭型は6,500kmとやや短い。

R-29Rを搭載するのが「667БДР [667BDR]型」潜水艦（NATO名称：デルタIII級）で14隻建造されている。うち1隻は本書執筆時点でもいまだに現役である。また、この667BDR型から全基一斉発射が可能となっている（"一斉"と言っても、順番に連続発射される）。667BDRの計画愛称は「カリマール (Кальмар、イカ)」である。

R-29Rはさらに「Р-29РМ [R-29RM]」に発展し、多弾頭（200キロトン×4／100キロトン×10）ながら射程を8,300kmまで伸ばしている（複合体名称「Д-9РМ [D-9RM]」）。なお、ソ米の戦略兵器削減条約により、4弾頭型のみ配備が認められている。これを搭載するのが「667БДРМ [667BDRM]型」潜水艦（NATO名称：デルタIV級）で7隻建造、うち6隻が本書執筆時点で現役にある。667BDRMの計画愛称は「デリフィン (Дельфин、イルカ)」である。

そしてR-29RMを改良した「Р-29РМУ [R-29RMU]」（複合体名称「Д-9РМУ [D-9RMU]」）が開発されると、R-29RMから置き換えられた。R-29RMUは、第1章で紹介した大陸間弾

道弾RT-23UTTKhのように耐放射線・耐電磁パルス対策が施されており、また、通常よりも低い軌道（ディプレスト軌道）で飛翔することが可能となっている。低い軌道は、目標への到達時間は短くなり、また地上の早期警戒レーダー網に発見されづらくなる利点がある一方で、射程は短くなる。

　ここまでがソヴィエト時代であるが、ロシアとなってからもR-29系列の改良は続き、2007年に「Р-29РМУ2［R-29RMU2］」、2014年に「Р-29РМУ2.1［R-29RMU2.1］」が採用されている。どちらも667BDRM型潜水艦に搭載される。R-29RMU2は弾頭が500キロトン×4発に強化され、最大射程は11,500kmに達するという（最大射程は、おそらく搭載弾頭を減らした状態だと思われる）。R-29RMU2.1は、さらにアメリカのミサイル防衛を突破する機能を追加したものだと報じられている。それぞれ愛称が与えられており、R-29RMU2が「シネーヴァ（Синева、青）」、R-29RMU2.1が「ライネル（Лайнер、ライナー／定期便）」である。

※1：ただし、5つあるノズルのうち中央のメインノズルは固定で、周囲4つの補助ノズルの向きを変える方式だった。

R-29 系列を搭載する
667B 型系潜水艦は
盛り上がった"背中"が特徴！
最終型 667BDRM は
特に大きいよ

# 667БДРМ型
## 667BDRM デルタIV級

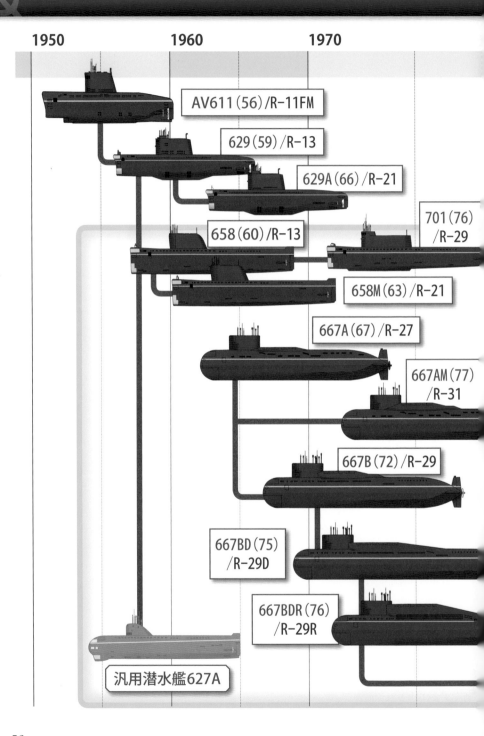

1950 1960 1970

AV611（56）/R-11FM

629（59）/R-13

629A（66）/R-21

658（60）/R-13

701（76）/R-29

658M（63）/R-21

667A（67）/R-27

667AM（77）/R-31

667B（72）/R-29

667BD（75）/R-29D

667BDR（76）/R-29R

汎用潜水艦627A

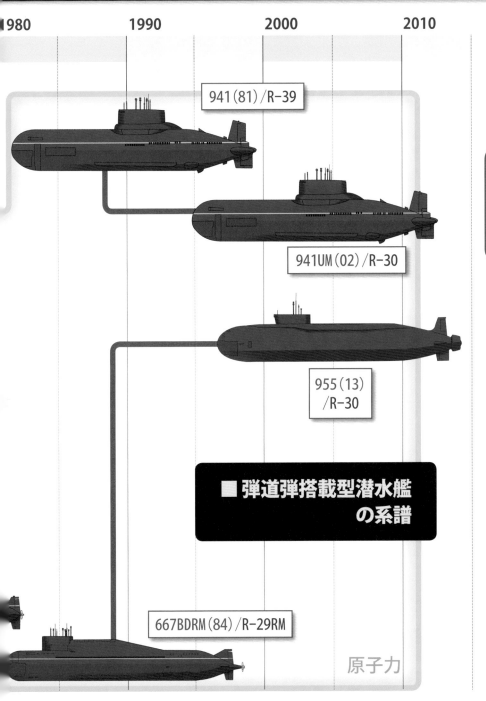

1980　　　　1990　　　　2000　　　　2010

941（81）/R-39

941UM（02）/R-30

955（13）
/R-30

■弾道弾搭載型潜水艦
　の系譜

667BDRM（84）/R-29RM

原子力

※（ ）内は就役年をあらわす。青字は搭載する弾道弾をあらわす。

53

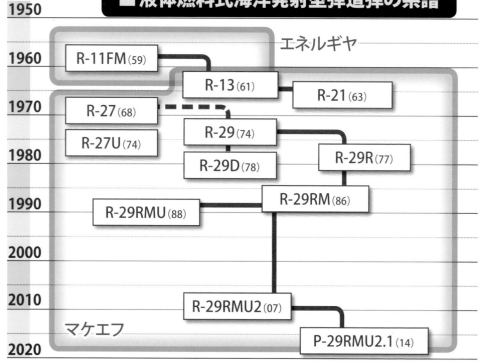

■液体燃料式海洋発射型弾道弾の系譜

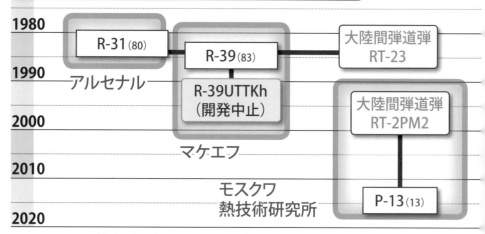

■固体燃料式海洋発射型弾道弾の系譜

※（　）内は就役年をあらわす。オレンジ色で囲んだものは開発のみで採用はされていない。

※青いカコミは設計局をあらわす

## 2.7 アメリカに遅れた固体燃料式開発

### ■満足な性能を得られなかったR-31

ソヴィエトにおいても潜水艦発射式弾道弾に固体燃料を使うことの有利さは認識されており、アメリカから大幅に遅れながらも開発は進められた。

その最初のものが「第7中央設計局」で開発された「P-31［R-31］」だ。しかし、その性能はアメリカの弾道弾に遠く及ばず、試作的な要素が強いもので、667A型潜水艦を改造した「667AM型」（NATO名称：ヤンキーII級）1隻に配備されたのみだった。また、R-31の緩衝ロケット発射システムは過渡期のもので、キャップ型ではなく、水密を維持するリング部だけであった。発射後に空中でリングを爆破して取り外す方式になっていた。複合体名称は「Д-11［D-11］」である。

### ■R-39と超大型潜水艦941型

R-31開発で得られた知見と、大陸間弾道弾RT-23の技術を統合し第385試作設計局で開発されたのが「P-39［R-39］」だった（複合体名称「Д-19［D-19］」）。これは発射重量84t（緩衝ロケット発射システム含めて90t）にもおよぶ、他に類を見ない巨大な潜水艦発射式弾道弾だった（アメリカ最大のUGM-133が59t）。これを搭載するため建造された「941型」（NATO名称：タイフーン級）潜水艦も、水中排水量48,000tに達する史上空前の巨大潜水艦となった（アメリカ最大のオハイオ級潜水艦が19,000t）。

この巨体を構成するため、船体は3本の耐圧殻を俵積みにした構造となっており、うち左右2本の耐圧殻それぞれに原子炉・タービン・推進器が置かれていた。まるで2隻の潜水艦を繋げたかのような設計である。そして

955型戦略任務ロケット水中巡洋艦
(©Ministry of Defence of the Russian Federation)

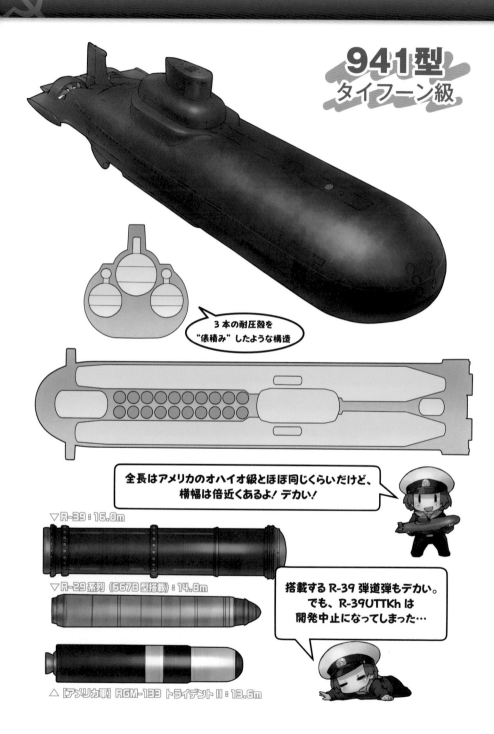

# 941型
## タイフーン級

3本の耐圧殻を
"俵積み"したような構造

全長はアメリカのオハイオ級とほぼ同じくらいだけど、
横幅は倍近くあるよ！ デカい！

▽R-39：16.0m

▽R-29系列（667B型搭載）：14.8m

搭載するR-39 弾道弾もデカい。
でも、R-39UTTKh は
開発中止になってしまった…

△［アメリカ軍］RGM-133 トライデントⅡ：13.6m

セイル前方、左右の耐圧殻に挟まれるように、弾道弾の発射筒が2列20本配置されていた。弾道弾搭載型潜水艦で、セイル前方に発射筒を配置した例は世界的にも941型しか存在しない。

この特異な艦は軍でも特別な扱いを受けており、本型のためだけに頭に「重（Тяжёлые）」を冠した「戦略任務重ロケット水中巡洋艦（Тяжёлые Ракетные Подводные Крейсеры Стратегического Назначения、ТРПКСН）」という艦種が設けられ、それぞれの艦の名前も通常の「K-○○」ではなく「TK-○○」となっている（○○には数字が入る）。当初計画では12隻の建造が予定されていたが、80年代後半からのソ米関係の"雪解け"[※1]を受けて完成したのは6隻にとどまっている。941型の計画愛称は「アクラ（Акула、サメ）」である。私事で恐縮だが、世界中の艦艇のなかで、筆者が"死ぬまでに乗ってみたい艦艇"ダントツ1位が、この941型である。

### ■ソヴィエト崩壊で中止されたR-39改良計画

さて、R-39だが、その巨体にもかかわらず、射程・投射重量ともにアメリカのUGM-133に見劣りするものだった。そこで第385試作設計局では、これを改良した「Р-39УТТХ［R-39UTTKh］」の開発を開始する。しかし、時期悪く"暗黒の90年代"[※2]を迎えたことで、開発費は削減され、わずか3回の発射試験を行ったのみで開発は中止となる。もし、R-39UTTKhが完成していたら、史上最強の潜水艦発射式弾道弾になっていたかもしれない。それだけに非常に残念なことである。なお、R-39UTTKhの愛称は「バルク（Барк、帆船の一種）」であり、複合体名称は「Д-19УТТХ［D-19UTTKh］」である。

R-39UTTKhの開発中止は941型潜水艦にも影響を与え、6隻のうち1隻が発射試験艦に改造されたほか、3隻は解体、2隻は発射筒を

埋められた状態で港に係留されている。退役を控えた1997年、4番艦TK-13と6番艦TK-20がそれぞれ19発と20発のサルヴォ（複数連続発射）を行い、有終の美を飾っている。

### ■新時代の海洋核戦力——R-30と955型

ロシア時代に入り、固体燃料式の潜水艦発射式弾道弾は新たなモデルが生まれる。「第1中央設計局」が開発し、大成功をおさめた移動発射式大陸間弾道弾RT-2PMシリーズをもとに新規開発された「Р-30［R-30］」である。愛称は「ブラヴァ（Булава）」——ブラヴァとは、コサック（カザーク）が使うトゲがついた鎚矛（メイス）のことである。

このR-30は、もともとR-39UTTKhを搭載する予定だった「955型」潜水艦（通称：ボレイ級）を改造して搭載することとされた。955型は667系列の正統進化型と言うべきもので、941型のような巨大さはなく（それでも水中排水量24,000t）、セイル後方に2列16基の発射筒を配置した"常識的"デザインの弾道弾搭載型潜水艦である。1番艦の就役は2013年だが、設計はソヴィエト時代に行われている。本書執筆時点で、改良型の「955A型」を含めて12隻の建造が予定されており、うち4隻が就役ずみだ。955型の計画愛称は「ボレイ（Борей、北風）」である。

---

※1：80年代の後半に入るとソヴィエト、アメリカ両国は高騰する軍事費を抑制するため、歩み寄りが見られた。これは「雪解け」や「デタント（緊張緩和）」と呼ばれる。
※2：1991年12月25日、ソヴィエト連邦は解体された。軍の大半は新生ロシア連邦軍となったが、軍事費は大幅に削減された。

# 955型
## ボレイ級

「ブラヴァ」とは
コサックが使う
トゲつき棍棒のことだ!

セイルが突き出しているのが
955型の特徴!
…でも、955A型では
フツーになっているね

▽955型

縦舵・横舵も
ぜんぜん違う!

▽955A型

ちょっと
長くなった

## 弾道弾搭載型潜水艦の戦力推移

### ■冷戦最盛期には90隻以上

　ソヴィエト／ロシアの弾道弾搭載型潜水艦の在籍数を年ごとのグラフにまとめた。アメリカの在籍数と比較して見ていこう。

　1960年前後にアメリカに先行するかたちで急激な整備が行われているように見えるが、これは前述の通り弾道弾をセイルに少数搭載した、しかもディーゼル・エレクトリック推進式の潜水艦なので"とりあえず数を揃えただけ"に過ぎず、本格的な戦力とは言い難い。60年代後半から次なる山が始まるが、これこそ本命の667型系列で、それらの整備が進んだ70年代半ばになって、ようやくアメリカと肩を並べることができるようになった

ことがわかる。

　その後、70年代後半から90年にかけて、在籍数はほぼ横ばいだが、旧型艦が667型系列の新型へと随時入れ替わり、弾道弾も新型に更新されているので、戦力としては格段に進歩を遂げている。ピーク時の1986年には、弾道弾搭載型潜水艦は94隻（うち原子力艦78隻）と、現代からは想像もつかないほどの巨大な勢力を誇っていた。現代、中国海軍の脅威が声高に叫ばれているが、彼らの弾道弾搭載型潜水艦の総数は4〜5隻といったところであり、冷戦時代がいかに凄まじい時代であったかがわかるだろう。

第2章

## ■弾道弾搭載型潜水艦の在籍数──対米比較

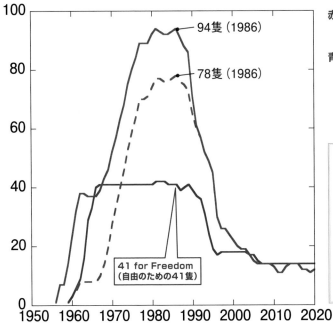

94隻（1986）

78隻（1986）

赤：ソヴィエト連邦
　／ロシア連邦
　（破線は、うち原子力艦）
青：アメリカ合衆国

41 for Freedom
（自由のための41隻）

ソヴィエト／ロシアとアメリカの弾道弾搭載型潜水艦の在籍数推移。破線はそのうち原子力艦を示す（アメリカは、すべて原子力艦）。アメリカは90年代後半にオハイオ級18隻体制となり、その後4隻が巡航ミサイル搭載型に改修されたことで14隻体制となっている。

## ■ソヴィエトの崩壊による急落

　その巨大な潜水艦部隊も90年を境に急激に落ち込んでいる。ソヴィエトの崩壊と冷戦の終結により艦齢の長い潜水艦から順に退役が進められ、21世紀に入ったころには、わずか20隻程度しか残らなかった。この時点では、主に667BDR型と667BDRM型で構成されていたが、2000年代には667BDR型の退役が進み、2010年頃には10隻程度にまで減勢した。

　10年代に入ると955型の就役が始まり、ロシアの海洋核戦力は「固体燃料式R-30搭載の955型」、「液体燃料式R-29RMU2搭載の667BDRM型」という2本柱の体制となっている。955型は12隻建造予定であるが、戦略核戦力削減条約により核弾頭総数の上限が決められているので、今後955型の増勢分は667BDRM型の退役が進むかもしれない。

　なお、アメリカは60年代前半、急速にジョージ=ワシントン級系列を整備したのちは、41隻体制が維持された。彼らはこれを「41 for freedom（自由のための41隻）」と呼んでいた。80年代に入り、アメリカ弾道弾搭載型潜水艦の決定版ともいうべきオハイオ級が就役を始めると、「41隻」は徐々に数を減らし、冷戦終結で一気に退役が進んで、すべてオハイオ級に統一された。オハイオ級も建造18隻のうち、4隻が巡航ミサイル搭載型潜水艦に改修され、以降の弾道弾搭載型潜水艦は14隻体制で維持されている。

667BDRM型戦略任務ロケット水中巡洋艦
（ⒸMinistry of Defence of the Russian Federation）

# ソヴィエト海軍の編制と配備

## ■5つの艦隊

ソヴィエト時代から現在のロシア連邦にいたるまで、海軍は5つの艦隊で構成されている。また、近年は戦力の統合運用※1のため陸海空を統括する地域コマンドである「軍管区」に所属しているが、北方艦隊だけは、北極圏（北極海）の戦略的重要性に鑑みて、北方艦隊を軸とした統合部隊が編成されている。

北方艦隊 (Северный флот)：
　　　　　　　　北方艦隊統合戦略コマンド
バルト海艦隊 (Балтийский флот)：
　　　　　　　　西部軍管区指揮下
黒海艦隊 (Черноморский флот)：
　　　　　　　　南部軍管区指揮下
カスピ海小艦隊 (Каспийская флотилия)：
　　　　　　　　南部軍管区指揮下
太平洋艦隊 (Тихоокеанский Флот)：
　　　　　　　　東部軍管区指揮下

## ■潜水艦の配備

5個の艦隊のうち、北方艦隊と太平洋艦隊が外洋艦隊であり、弾道弾搭載型潜水艦を含む原子力潜水艦はこの2艦隊だけに配備されている。また、カスピ海小艦隊には潜水艦そのものが配備されていない。

北方艦隊の司令部はムルマンスクだが潜水艦基地は離れた場所にあり、コラ半島北岸、バレンツ海に面したフィヨルドのなかに分散して存在している。ガジエヴォ、パドゥナヤ・リツァ、ヴィジャエヴォである。そのうち弾道弾搭載型潜水艦はガジエヴォとザパドゥナヤ・リツァにある。同艦隊はソヴィエト艦隊のなかでも、もっとも北に位置するが、北大西洋海流のおかげでこれらの港は冬にも凍らない。

太平洋艦隊の司令部はウラジオストク（ヴ

ラディヴァストク）にあり、原子力潜水艦基地がルイバチイに、ディーゼル潜水艦基地がウラジオストクにある。ルイバチイはカムチャツカ半島の先端近くにあり、クラシェンニニコフ湾を挟んで対岸のヴィリュチンスクに潜水艦部隊の司令部が置かれている（ルイバチイを含めた一帯がヴィリュチンスク市）。ここは陸路では近づくことすらできない、まさに“世界の果て”のような場所であり、よくもまぁ、こんな場所に大規模な軍港を建設したものだと感心させられる。なお、ルイバチイは太平洋に面しているため、オホーツク海に入るためにはクリル諸島（千島列島）を通過する必要がある。イトゥルプ島（択捉島）より北の海峡は冬季に凍結するため、水上艦艇は通過できないが、潜水艦、とくに原子力潜水艦であれば問題ない。

バルト海艦隊の潜水艦基地はサンクト・ペテルブルク沖のクロンシュタットに、黒海艦隊の潜水艦基地はノヴォロシスクに置かれている。

## ■戦略核戦力の運用
### ──「聖域」と南半球への哨戒

前述の通り、弾道弾搭載型潜水艦は北方艦隊と太平洋艦隊に配備されている。弾道弾搭載型潜水艦の性質上、外洋艦隊に集約したのは当然とも言える。加えて、両艦隊はそれぞれ北極海とオホーツク海という「聖域」（敵国が手出しできない海域）を持っている点も重要である。潜水艦発射式弾道弾の射程が大陸間弾道弾なみに長くなってからは、安全な「聖域」からアメリカ本土を攻撃することが基本となっている。

しかし、いつも同じ場所にいたのでは“どこから攻撃してくるかわからない”という潜水艦発射式弾道弾の利点が損なわれる。アメ

リカ側も、ソヴィエトと対峙する国土北側は特に厚い防衛網を敷いている。そこで、手薄な南側からも攻撃できるように、ソヴィエト時代には弾道弾搭載型潜水艦による南半球への哨戒（遠洋への展開任務）が実施されていた。ソ連崩壊後、しばらく行われなかったが、2014年から再開されている。

## ■水上戦闘艦艇の配備

水上戦闘艦艇も、外洋艦隊である北方艦隊と太平洋艦隊に強力な大型艦艇（1144型重原子力ロケット巡洋艦や1143型重航空巡洋艦など）が集中配備されている。他の内海艦隊は、同様の任務を果たすにしても、より小型の艦艇が配備されている（たとえば、大型対潜艦に対して小型対潜艦など）。

北方艦隊の水上艦艇最大の基地は、コラ半島のセヴェロモルスクで、アメリカ海軍のノーフォークに相当する。その近くのポリャールヌイにも水上戦闘艦艇の基地があり、白海の奥、セヴェロドゥヴィンスクにも小型対潜艦が配備されている。

バルト海艦隊は飛び地領土カリーニングラードのバルティイスクに、黒海艦隊はクリミア半島のセヴァストポリに水上艦艇を配備している。カスピ海小艦隊の水上艦艇基地は、もとはカスピ海西岸のマハチカラにあったが、近年、そのすぐ南のカスピイスクに移されている。

太平洋艦隊はウラジオストクとナホトカの中間あたり、フォーキノに水上戦闘艦艇の最大の基地を置いている。また、大型対潜艦はウラジオストクに置かれている。重要な原子力潜水艦基地ルイバチイの近く、ペトゥロパヴロフスキイ・カムチャツキイには近海防衛のための小型艦艇が配備されている。

※1：近年、陸・海・空（および宇宙）の戦力を一元的に指揮する動きが世界的に進んでいる。こうした一元的運用を「統合運用」という。ロシアは各軍管区に「統合戦略コマンド」としての機能を与え、域内の陸海空戦力を統合運用する態勢を導入した。

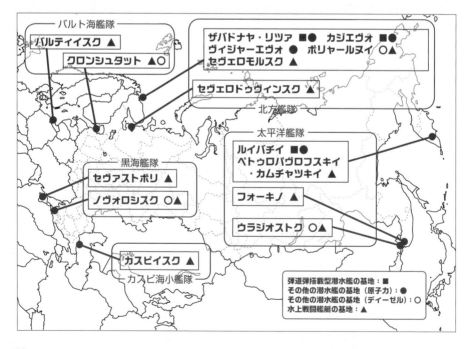

# 潜水艦

©Ministry of Defence of the Russian Federation

# 日本を脅かしたソヴィエト潜水艦の脅威

　冷戦期の昔から、我が国の海上自衛隊の "対潜能力" は世界最高のレベルを誇っている。現在、海上自衛隊は対潜用航空母艦を4隻（ひゅうが型、いずも型）保有しているが、こんな国はほかに例がない。日本が対潜能力を重視する理由は2つある。

　1つに、太平洋戦争の教訓──アメリカ合衆国の潜水艦部隊に海上輸送路を寸断され、資源・物資の輸入に困難をきたしたこと。海に囲まれた我が国にとって海上輸送路の安全

を確保することは、現代においても最重要課題である。もう1つが、世界最大最強の潜水艦部隊を擁する国と国境を接し、しかもそれが同盟国アメリカの不倶戴天の敵だったこと。言うまでもなく、ソヴィエト連邦である。

### ■アメリカの3倍を超える潜水艦戦力

　では、どれほどの潜水艦戦力をソヴィエトは有していたのだろうか？ 在籍する潜水艦の総数をアメリカと比較してみよう（試験用

など非戦闘用潜水艦は除く）。本書をご購読いただいている皆さんは、アメリカが——ことに海軍が"自国以外の世界すべての国を相手にしても勝てる"ほどの圧倒的な戦力を有していることはご存知だろう。そのことを念頭に置いて、潜水艦在籍数の比較図をご覧いただきたい。

最盛期のソヴィエト海軍は、アメリカ海軍の3倍を超える潜水艦を運用していたのだ。もちろん、このときでさえ総合的な海軍力ではアメリカにおよばなかったが、潜水艦だけに限って言えば、まぎれもなく世界最大・最強の圧倒的戦力を保有していた。400隻を超える潜水艦部隊を運用した時代を考えれば、現在の「新冷戦」が可愛く見えてくる。

第2次大戦が終わり、冷戦が始まったとき、ソヴィエトとアメリカの戦力差は絶望的なほど開いていた。特に無敵のアメリカ空母機動艦隊は、真っ向から対抗しようという意思を抱くことすら不可能なほど巨大で強大だった。そこで全く別の手段——つまり潜水艦部隊によってこれに立ち向かうことを、ソヴィエトは考えたのである。そうして生まれた巨大戦力は、たしかにアメリカへの対抗上、重要な役割を果たしたが、戦力の維持と整備にかかる負担はソヴィエトの寿命を確実に縮める要因となったことも間違いないのである。

第2章の弾道弾搭載潜水艦に続き、本章では汎用潜水艦や巡航ミサイル潜水艦について解説していきたい。

## ■弾道弾搭載型潜水艦の在籍数——対米比較

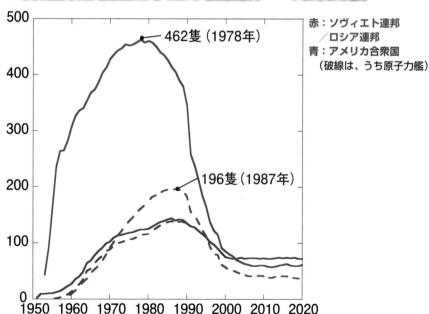

赤：ソヴィエト連邦
／ロシア連邦
青：アメリカ合衆国
（破線は、うち原子力艦）

462隻（1978年）

196隻（1987年）

# 潜水艦の基礎知識

## 3.1 原子力推進とディーゼル・エレクトリック推進

### ■ディーゼル・エレクトリック推進

　第2章では、弾道弾の発射という視点から技術的特徴について解説したが、本章では改めて潜水艦に焦点を当てて、技術的な課題の整理をしていこう。

　潜水艦にとってもっとも重要な要素は、推進方式である。水のなかで活動するため"酸素のない状態でいかにして推進力を得るか"という問題があるからだ（水上艦艇や航空機、車輌などに使われる内燃機関は、すべて空気中の酸素を燃焼させることで推力を得ている）。そこで用いられたのが電気推進、つまりモーターにより推進器を動かす方式だ。もちろん、モーターを動かすためには電力が必要であり、電力を供給する電池を充電するためには、結局のところ何らかのエンジンが必要となる。そのため、浮上してエンジンを稼働させ、電池を充電する必要があった。潜航時間は電池の容量と電力消費量によって決まるが、長期間の潜航は不可能だった。

　こうしたエンジン（ディーゼル・エンジン）と電気を用いた方式をディーゼル・エレクトリック推進式と呼ぶ。

### ■原子力推進

　1960年頃から原子力推進式が普及しはじめる。原子力発電とは、原子炉で"湯を沸かし"、蒸気でタービンを回して電力を得る方式だが、湯の沸かし方には2通りある。

　1つは、炉心に触れる水（1次冷却水）を直接沸騰させ、その蒸気を用いる方法で、これを「沸騰水型原子炉」と呼ぶ。もう1つは、1次冷却水に高い圧力をかけて沸騰させずに抑え込み、そこから熱交換器を通して別の水（2次

冷却水）に熱を伝えて沸騰させる方法で、「加圧水型原子炉」と呼ぶ。前者は構造が単純で済むが、炉心に触れる1次冷却水が密閉された後者のほうが放射線安全性は格段に高い。潜水艦に使われる原子炉は、すべて加圧水型である。

　また、1次冷却水の代わりに、液体金属を冷却材に用いた原子炉（液体金属冷却式）もあり、アメリカでは試験的なものにとどまったが、ソヴィエトでは量産型潜水艦に用いられたこともあった。金属冷却材としてアメリカはナトリウムを用いていたが、ソヴィエトは鉛ビスマス合金を利用した。

### ■それぞれのメリット・デメリット

　原子力推進式の利点は2つある。1つは出力が圧倒的に大きいこと。ディーゼル・エレクトリック式よりも、1ケタ大きな出力が得られるため、潜水艦を大型化でき、速度もはるかに向上する。水中最高速度を比較すると、ディーゼル・エレクトリック推進がせいぜい20ノット程度なのに対して、原子力推進は30ノット以上を出すことができる。

　もう1つの利点が、エンジンの稼働に酸素を必要としないことである。加えて、有り余る出力を使って海水から乗員のための酸素を作り出すこともできる。つまり、乗員の食糧が尽きるまで、高いパフォーマンスを維持したまま何ヵ月も潜航することが可能なのである。

　一般的な原子力発電所では、毎年燃料交換を行うが、潜水艦用の燃料は濃縮度を高めたものが使用されており、数年から、最近のものでは20〜30年間も保つ。つまり艦の寿命を迎えるまでに、1回の交換、もしくは燃料交換なしで活動できるのである。

## ディーゼル・エレクトリック推進の構造

ディーゼルエンジンを動かすためには空気が必要だよ

水中航行時にはエンジンから推進器（スクリュー）に直接、動力を伝達する方法もあるよ！

シュノーケル

発電機

モーター

ディーゼルエンジン

電池

整流器

インバーター

## 原子力推進（加圧水型原子炉）の構造

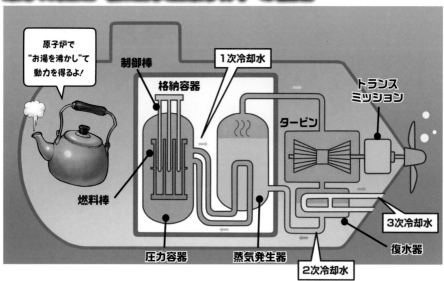

原子炉で"お湯を沸かし"て動力を得るよ！

制御棒

1次冷却水

格納容器

トランスミッション

タービン

燃料棒

圧力容器

蒸気発生器

2次冷却水

3次冷却水

復水器

完璧に見える原子力推進式だが、第2章でも述べた通り、静粛性ではディーゼル・エレクトリック推進式に劣る。原子力推進式は、推進器を除く内部だけに限っても、原子炉本体の冷却水を循環させるポンプや配管内を流れる水、回転するタービン、そして最大の音源であるトランスミッション──などなど音源だらけである。一方でディーゼル・エレクトリック推進式は、潜航中はモーターのみ稼働させるため、とても静粛だ。電気自動車やハイブリッド・カーのモーター音を思い出してもらえるとわかりやすいだろう。

こうした利点・欠点を考慮して、各国ともどちらの潜水艦を運用するべきか判断する。本国から遠く離れた海域で活動することが基本であるアメリカの潜水艦はすべて原子力推進だが、専守防衛を旨として近海での活動が主となる我が国の潜水艦はすべてディーゼル・エレクトリック推進である。そして外洋と沿岸防衛の両方の任を与えられているソヴィエト／ロシアの潜水艦は、両者を併用している。

## 3.2 隠密性を高める工夫

### ■静粛性を高める

潜水艦の静粛性を向上させるためには、推進方式以外にもさまざまな方策が採られている。

推進機器関連では、音源となる原子炉、タービン、トランスミッションや、ディーゼルエンジン、モーターを船体に固定する際に、防振構造を介する方法がある。また、船外の推進器（スクリュー）も、表面を研磨して滑らかにしたり、シュラウドリングで覆ったりするなどの工夫がなされている（シュラウドリングは、側方への音の広がりを抑制する）。

船体関連では、船殻を二重にした複殻構造化や、船体表面への吸音タイル（ゴム素材な

ど）の装着が行われている。これらは建築物の防音対策と同様である。

### ■船体が帯びる磁気

潜水艦の隠密性を考える上で、磁気も忘れてはならない。潜水艦は巨大な鉄の塊であるため、どんなに静かにしていても、磁場の乱れで探知される。鉄（鋼）は強磁性体だからである。船体の磁気を打ち消す消磁装置も搭載しているが、そもそも建造の段階で少しでも磁性が低い鋼を選ぶことが重要である。ソヴィエト／ロシアには非磁性素材であるチタンを船殻に採用している潜水艦もある（後述）。

### ■可潜艦から長期の潜航へ──艦形の変化

艦形も重要である。船は少しでも水の抵抗を減らすよう考慮された形状をしているが、実は水上と水中では抵抗の様子が異なる。水上では、水面に波を発生させることで生じる造波抵抗があり、ほとんどの活動を海上で行っていた初期のディーゼル・エレクトリック推進式潜水艦は、水上艦艇と同じく、（上から見たとき）艦首が三角形に尖った"波を切る"形になっていた。この時代は、技術的に長時間の潜航が不可能であり、必要なときだけ潜航する"可潜艦（潜航もできる艦）"であった。

やがて技術が向上し、潜航している時間のほうが長くなると、水中での抵抗を減らすことのほうが重視され、艦首が楕円回転体で艦尾が紡錘形をした「涙滴形」になっていく。三角艦首形は水上速度が水中速度に勝っていたが、涙滴形では水中速度が上回るようになる。さらに、広い船内空間を確保するため、涙滴形の真ん中に円筒部を差し込んだ「葉巻形」と呼ばれるタイプも登場する。現在では、涙滴形と葉巻形が主流となっている。

## 3.3 ディーゼル・エレクトリック推進式汎用潜水艦

### ■50年代〜60年代を支えた初期の潜水艦

それではソヴィエトの潜水艦を見ていこう。弾道弾搭載型潜水艦は第2章で解説したので、本章では汎用潜水艦と巡航ミサイル潜水艦について解説する。まずは、汎用潜水艦からはじめていこう。

第2次大戦後、潜水艦隊の建設はディーゼル・エレクトリック推進式潜水艦からスタートした。外洋用の「**611型**」（NATO名称：ズールー級）、汎用の「**613型**」（同：ウィスキー級）、沿岸用の「**615型**」（同：ケベック級）である。大戦期潜水艦の延長にある"可潜艦"であり、過渡期の潜水艦であったが、611型は21隻、613型は215隻、615型は30隻と大量建造されて、冷戦初期の潜水艦戦力を支えた。

また、611型と613型は後継艦種が整備されたのちも、第一線を離れてさまざまな試験艦に改造され、各種兵器開発にも大いに貢献した。ソヴィエト最初の弾道弾搭載型潜水艦が611型改造のV611型であったことは第2章で述べたとおりだ。613型にいたっては、実に25種類もの改造型[1]が作られている。

611型には「**641型**」（NATO名称：フォックストロット級）、613型には「**633型**」（同：ロメオ級）という後継艦が建造された。こちらも古臭い三角艦首形だったが、それでも641型が75隻、加えて改良型「**641Б[641B]型**」（同：タンゴ級）が18隻、633型で20隻が建造された。633型は輸出もされており、中国はライセンス生産で84隻を建造している。北朝鮮も中国から入手した633型を自国で生産し、いまも現役で運用しているようだ。金正恩委員長が緑色の潜水艦を視察するニュースをご覧になられた方もおられるかもしれないが、あれが633型である。北朝鮮では、633

# 633型
## ロメオ級

> 1950年代は古臭い三角形艦首のディーゼル潜水艦が主力だったよ。633型は輸出商品としても人気が高く、中国では80隻以上も生産された！北朝鮮ではまだ現役みたいだ

型を弾道弾搭載型に改造しているとの報道も
ある。この中で641B型には計画愛称がつけ
られており、「ソム（Сом、ナマズ）」である。

　このほか、初期のディーゼル・エレクトリ
ック推進式潜水艦としては、1隻だけ建造さ
れたガスタービン機関搭載艦「**617型**」（NATO
名称：ホエール級）、標的艦として4隻建造
されたが通常の任務にも用いられた「**690型**」
（同：ブラヴォー級）がある。

　690型は、艦形に涙滴形を採用しており、
以降の潜水艦設計に影響を与えた。690型の
計画愛称は「ケファリ（Кефаль、ボラ）」であ
る。

### ■世界一静かな潜水艦——877型

　1980年代に入り、旧世代艦と一線を画す
るディーゼル・エレクトリック潜水艦が登場
する。これが「**877型**」（NATO名称：キロ級）
である。小型で涙滴形の艦形、高い静粛性を
特徴とし、改良型の「**636型**」（同：改キロ級）

は"世界一静かな潜水艦"とも呼ばれている。

　近海防衛用として理想的な性能を誇り、数
多く輸出されている。877型は建造43隻のう
ち19隻が、636型は建造29隻のうち21隻が、
輸出されている。安価で扱いやすい性能であ
ることに加え、後述する有翼ロケット「カリ
ブル」を運用できるなど機能性も高く、"売
れ筋"商品となっている。ロシアでは現在も
近海防衛の主力として活躍している（2021
年1月現在、877型13隻、636型8隻が現役）。

　877型の計画愛称は「パルトゥース（Пал
тус、ヒラメ）」、636型の計画愛称は「ヴァル
シャヴャンカ（Варшавянка、ワルシャワ市
民）」である。

### ■難航する次世代艦の開発

　2010年代に入り、877/636型に代わる新
世代ディーゼル・エレクトリック推進艦とし
て開発されたのが「**677型**」である。877/636
型が複殻船体なのに対して、677型は単殻と

"涙のしずく"のような形だから「涙滴形」。
80年代に生まれた877型は、高い静粛性が特徴。
2000年代に改良型の636型が登場し、いまも現役だよ

# 636型
## 改キロ級

なり、より一層の小型化が進んだ。

単殻ながら新技術の導入により一層の静粛化を図る予定であったが、1番艦の建造が難航した挙句、試験でも海軍が満足する結果を出すことができず、配備および2番艦以降の契約は大幅に遅れている。本書執筆時点で1隻しか就役していない。このため、依然として636型の建造が続けられている。

677型の計画愛称は「ラーダ（Лада、春の女神）」である（通称もラーダ級）。

※1：25種類の改造型は以下のとおり——613V、613Ts、613M、613E、613AD、613Sh、3P-613、613A、613Kh、613Avgust、61311、613D4、613D5、613D7、P-613、613RV、613S、666、640、644、665、V613、613E、613cUPAK、UTS-613。

## 3.4 原子力潜水艦の登場

### ■大型核魚雷搭載が計画された
### 初の原子力潜水艦

ソヴィエトがディーゼル・エレクトリック推進式潜水艦の大量建造を進めていた1950年代なかば、ライバルのアメリカでは早くも原子力潜水艦の整備がスタートした。ソヴィエトもまた、原子力潜水艦の開発をスタートし、1958年に記念すべき最初の艦が就役した。それが「**627型**」（NATO名称：ノヴェンバー級）である。計画愛称は「キート（Кит、鯨）」。まさに潜水艦に相応しい愛称がつけられた。

627型は、当初「T-15」核魚雷を搭載する潜水艦として計画された。これは直径1,550mm、長さ23 m、発射重量40tの巨大な怪物魚雷で、核出力100メガトンの威力で港湾施設を破壊することを目的としていた。これはまさに戦略兵器と言えるものであり、627型は艦首に2発搭載する計画であった。

しかし、T-15は海軍の用兵上の要請に基づいて考案されたものではなく、これを聞いた海軍では「あまりに現実離れした兵器」として

一蹴した。射程が40kmしかないT-15で港湾を攻撃するためには、それだけ敵本土に接近する必要がある。第2章で射程150kmの弾道弾R-11FMに実用性が無いことを指摘したが、T-15はより厳しいことがわかる。

結果としてT-15核魚雷計画は廃棄され、627型は"普通の"魚雷を搭載した汎用潜水艦として改設計型「**627A**」型として建造されることになった。なお、この"普通の"魚雷にも核弾頭オプションがあった（こちらは対艦用）。第2章でも記したとおり、ソヴィエト初の弾道弾搭載型原子力潜水艦658型（ホテル級）は627型を基に設計されている。

627型は、ディーゼル潜水艦611型のレイアウトを参考に設計されたが、艦首部だけは葉巻形のような形状をしており、水中での活動を念頭に置いた設計であることがわかる。艦尾は、中央の舵を挟んで2つの推進器（スクリュー）が置かれ、それぞれ1基ずつの原子炉とタービンに繋がっていた。つまり627型は2組の原子炉とタービンを持つ。ソヴィエト初の潜水艦用原子炉「BM-A［VM-A］」は信頼性が低く、1番艦K-3は放射線漏洩事故を含むトラブルにたびたび見舞われている。

627型は13隻建造されたが、これとは別に1隻だけ液体金属（鉛ビスマス合金）を冷却材に用いた原子炉を搭載した艦が建造されている。これは「**645型**」の計画番号が与えられている。

### ■ソヴィエト汎用原子力潜水艦の
### 基本形を確立

627型の運用実績をもとに、本格的な汎用原子力潜水艦として建造されたのが「**671型**」（NATO名称：ヴィクターI型）であり、以降のソヴィエトの標準的な潜水艦の特徴を多く含んでいた。船体は涙滴形で、艦首の上半分に魚雷発射管、下半分にソナーを備える。船体と滑らかな曲線で繋がるセイルは西側のもの

に比べて低く、前後に長い。潜舵が船体前方に位置するのもソヴィエト潜水艦の特徴だ（西側はセイルに位置するものが多い）。

　推進システムは、原子炉2基／タービン1基／推進器（スクリュー）1基の1軸式であり、原子炉はVM-Aの改良型である「BM-4［VM-4］」を搭載する。VM-4シリーズは広く使われた原子炉であり、第2章で紹介した677型系統や後述する670型（チャーリー級）系統にも搭載されている[※1]。

　671型は15隻建造されたが、うち3隻が対潜ロケット（対潜ミサイル）「РПК-2［RPK-2］ヴュガ（Вьюга、吹雪）」を搭載した**「671В［671V］型」**として、2隻が有線誘導式魚雷「ТЭСТ-70［TEST-70］」を搭載した**「671M型」**として、それぞれ竣工している。また1隻は就役後に、長距離対地有翼ロケット（巡航ミサイル）「**3M10 グラナート（Гранат、柘榴石）**」を搭載した**「671K型」**に改造された。

671型の計画愛称は「ヨルシュ（Ёрш、メバル）」である。

　671型をベースに、大型魚雷を搭載した改良型が**「671PT［671RT］型」**（NATO名称：ヴィクターII型）である。671型までは西側でも標準の533mm魚雷を搭載したが、671RT型は650mm魚雷が追加された。この魚雷は大型艦を1発で沈められる威力を有するだけでなく、速度と射程も533mm魚雷を大きく凌いでいた。

　また、前述のRPK-2ヴュガは、533mm、650mmどちらの魚雷発射管からも発射可能である。発射後、ヴュガは海面に飛び出し、空中をロケットで飛行したのち、敵潜水艦上空で落下傘により爆雷を投下する。命中精度が悪そうに思えるが、核弾頭なので問題はなかった。

　671RT型は8隻起工されたが、完成は7隻にとどまり、1隻は途中で建造中止となって

**627型**
**ノヴェンバー級**

ソヴィエト初の原子力潜水艦！
三角形艦首から脱却した丸い艦首と
葉巻のような胴体が、愛称どおり"クジラ"みたい？
でも艦尾は古めかしい形状で、
過渡期の潜水艦と言えるね

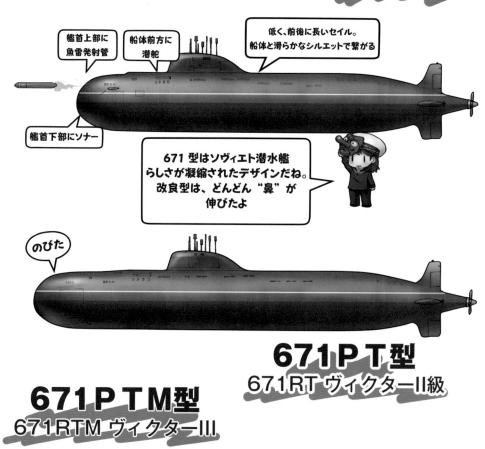

# 671型
## ヴィクターI級

艦首上部に
魚雷発射管

船体前方に
潜舵

低く、前後に長いセイル。
船体と滑らかなシルエットで繋がる

艦首下部にソナー

671型はソヴィエト潜水艦
らしさが凝縮されたデザインだね。
改良型は、どんどん "鼻" が
伸びたよ

のびた

# 671ＰＴ型
## 671RT ヴィクターII級

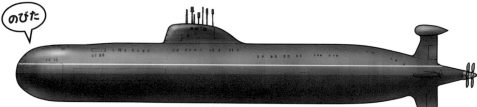

# 671ＰＴＭ型
## 671RTM ヴィクターIII

のびた

いる。671RT型の計画愛称は「ショムガ（Сёмга、サケ）」である。

## ■ソヴィエト版トマホークを搭載

671RT型の静粛性をより高めたものが「**671PTM [671RTM] 型**」（NATO名称：ヴィクターIII型）である。その一環として、推進器（スクリュー）は7枚羽1基から、4枚羽2基の二重反転式に変更されている。

671RTM型は27隻が起工され26隻が就役、1隻は建造中止された。就役した26隻のうち、8隻が巡航ミサイル「グラナート」を搭載する「**671PTMK [671RTMK] 型**」に改造された（「K」は「有翼ロケット（Крылатая ракета）」の頭文字）。グラナートは、地形を照合しながら低高度を亜音速で飛行する対地攻撃用の有翼ロケットであり、射程は2,500kmにおよぶ。アメリカのBGM-109トマホークと同様の役割の兵器と言える。

3M10は533mm魚雷発射管から発射される。671RTMK型は、現在も2隻が現役である。

671RTM型の計画愛称は「シチューカ（Щука、カワカマス）」である。

## ■汎用潜水艦の集大成——971型

671RTM型の改良型にして、ソヴィエト汎用潜水艦の集大成とも言うべきものが「**971型**」（NATO名称：アクラ級）であり、現在もロシア汎用潜水艦の主力となっている。開発経緯としては、後述するチタン製945型潜水艦を通常の鋼で作り直したもの——とされているが外観は671RTM型によく似ており、そこからの正統進化が明白である。計画愛称も「シチューカB」であり、671RTM型に連なることがよくわかる。静粛性は一層高められ、開発当時のアメリカ最新鋭艦ロサンゼルス級に並んだ。

第3章

**971型 アクラ級**

アクラ級！

**971型！ 「アクラ」は941型！**

冷戦末期から90年代初期にかけて20隻が起工されたが、時代のあおりを受けて完成したのは15隻にとどまる（10隻が現役）。うち4隻が「**971M型**」に、1隻が「**971У[971U]型**」に改修されており、残りの改修も順次行われている。また、この10隻とは別に1隻がインド海軍にレンタルされている。

さて、本型はNATOコードネームでは「アクラ級」と呼ばれているが、「アクラ」とは第2章で紹介した941型潜水艦の計画愛称であり、たいへん紛らわしい。西側の誤解に基づく紛らわしさから、筆者はNATOコードネームの使用を避けるべきだと考えている（本書ではそれに慣れた年長の読者諸兄のため、NATOコードネームを併記しているが、ぜひソヴィエト／ロシアの正式表記のほうを使用していただきたい）。

## ■巡航ミサイルを発射可能な汎用潜水艦

現在、汎用潜水艦の最新型が「**885型（あるいは08850型）**」である。971型の正統な後継艦種であるが、船体中央に巡航ミサイル発射区画を設けており、そのため巡航ミサイル潜水艦に分類される場合もある。しかし、その任務は巡航ミサイルによる敵航空母艦撃滅だけにとどまらず、あらゆる任務をこなすことが想定されており、その意味では紛れもなく"汎用"潜水艦である。

671型以来の伝統である、艦首上方に魚雷発射管、下方にソナーという配置は採らず、艦首は大型化したソナーで占められ、魚雷発射管はソナー区画の後方、船体側面に設けられている。巡航ミサイルの発射装置「**CM-346[SM-346]**」は、船体中央に2列合計8基を備える。

**855型**
**ヤーセン級**

巡航ミサイル（有翼ロケット）を発射できるようになったよ！セイル後方に垂直発射装置SM-346 を備えている

魚雷発射管は
船体側面に配置

船体は区画ごとに単殻と複殻を組み合わせる方式を採っており、静粛性と軽量化を両立させている。船体の表面は従来の吸音ゴムではなく、新型のコーティング素材に変わり、静粛性が向上しただけでなく、電波も吸収するようになっている（浮上したときのレーダー対策）。

ソヴィエト時代末期に設計された本型の1番艦建造は、まさに紆余曲折の連続であった。1993年に起工されたが96年に建造が中断され、再開されたのはなんと2004年である。2010年にようやく進水し、2011年から試験を開始。起工から20年を経た2014年にようやく就役した。2番艦以降は原子炉が変更され、計画番号も「**885M型（あるいは08851型）**」となっている。新型原子炉「КТП-6-185СП［KTP-6-185SP］」は、冷却材がポンプなしで自然循環する構造になっているため、ポンプ故障にともなう事故の危険が解消されたほか、原子炉のコンパクト化と騒音の低減も実現している。燃料交換時期は20〜30年とされ、艦の運用寿命のうち多くても1回の燃料交換で済むようになった。原子炉の燃料交換には何ヵ月もかかり、そのあいだ活動が停止してしまうことを考えれば、これは大きな進歩である。

本書執筆時点で1隻が就役、2隻が試験中（2021年に就役予定）、6隻が建造中である。計画愛称は「ヤーセン（Ясень、トネリコ）」である（通称もヤーセン級）。

※1：671型はVM-4A原子炉を搭載する。このほか、VM-4が667A型と667AM型に、VM-4-1が670型と670M型に、VM-4Bが667B型と667BD型に、VM-4Sが667BDR型に、VM-4SGが667BDRM型に、それぞれ搭載されている。667系列については第2章参照。

## 3.5 チタン製の汎用潜水艦

### ■チタン合金の利点

みなさんも高性能素材としてチタン合金はご存知だろう。チタンは鋼と同程度の強度※1で、鋼より大幅に比重が小さいため、同じ重量なら強く、同じ強度なら軽くできる優れた素材である。加えて、耐熱性や耐腐食性も高い。軽量な合金と言えばアルミニウム合金を思い出す方もいると思うが、アルミニウムは軽いが強度が低く、何より耐熱性に欠けるため、航空機でも強度が必要な桁部分や高温になる部分にはチタン合金が使われている。

当初、チタンの加工技術は（ほかのあらゆる技術同様に）アメリカが先行していたのだが、ソヴィエトが必死で実用化に取り組んだ結果、ついにはアメリカを追い越し、世界最高の水準に至った。その高い技術力が結実したのが、チタン合金製船殻による潜水艦建造である。チタン合金は、上記の優れた特性に加え、非磁性であり、潜水艦の素材としては理想的と言えた——加工が難しく、高価である点を除けば。

### ■魚雷すら追いつけない高速艦

ソヴィエト初のチタン船殻潜水艦は、1969年就役の661型潜水艦だが、実験艦的な性格が強く、1隻のみの建造に終わっている（661型については、次の節にて詳しく解説する）。

量産されたものとしては、「**705型**」（NATO名称：アルファ級）が最初となる。705型はチタン船殻以外にも革新的な技術が盛り込まれた。原子炉は、645型で培った技術をもとにした液体金属（鉛ビスマス合金）冷却式の「OK-550」を採用。操艦システムの大幅な自動化により、乗員数を削減した。本型の乗員はわずか32名である（たとえば同時期の671型潜水艦の乗員は100名近い）。これらにより、排水量は原子力潜水艦としては破格の3,180tに抑えられた。小さな船体ながら、エンジン出力は他の原子力潜水艦と同等であるため、最大41ノットの高速を発揮可能で、しかも最高速に達するまで1分しかかからなか

# チタン船殻潜水艦①
# 705型
## アルファ級

**同じ強度なら鋼より軽い!**
小さな船体で41ノットの快速を実現。
魚雷だって追いつけないよ!

**同じ重量なら鋼より強い!**
強固な船殻で最大深度1250m。
誰も潜ってこれない!

# チタン船殻潜水艦②
# 685型
## マイク級

った。同時代の他の潜水艦が705型を追跡することは不可能であり、魚雷ですら追いつけなかった。

705型は7隻建造されたが、うち第402工場／セヴマシュで建造された3隻には「**705K型**」の計画番号が与えられている。705K型には、OK-550を改良した「БМ-40A[BM-40A]」原子炉が搭載された。計画愛称は「リーラ（Лира、竪琴）」である。

## ■脅威の最大潜航深度1,250m

705型に続いて建造されたチタン船殻の汎用潜水艦が「**685型**」（NATO名称：マイク級）である。705型がチタンの"同じ強度なら鋼より軽い"ことを利用しているのに対して、685型は"同じ重量なら鋼より強い"ことを利用し、強固な船殻により潜水深度を大幅に高めている。その最大深度は、なんと1,250m。通常運用深度でも1,000mに達した。同世代の潜水艦は、971型（アクラ級）で最大600m、アメリカのロサンゼルス級で最大450mに過ぎない。前述の705型が"速さで追撃不可能"とするなら、685型は"深さで追撃不可能"と言えるだろう。このような深度に潜む潜水艦を攻撃する手段は存在しない。

685型は1隻のみ建造され、のちに事故で失われた。計画愛称は「プラヴニク（Плавник、ヒレ）」である。

## ■価格高騰で計画中止された945型

705型の運用実績に自信を深めたソヴィエトは、チタン船殻潜水艦を主力に据えるという思いきった計画を立案した。これが「**945型**」（NATO名称：シエラI級）である。

兵装は同時期の971型と同じく533mmと650mmの魚雷であり、同発射管から発射できるRPK-6M／RPK-7対潜ミサイルも搭載していた。興味深いことに、対潜ヘリコプターを迎え撃つための「9K38イグラ（Игла、

針）」対空ミサイルも備えている。原子炉は新型の「OK-650A」が搭載された（冷却材は水）。この系列の原子炉は、のちのロシア時代の新世代潜水艦の標準装備となる。

量産を目指した本型だったが、建造費が高騰したこと、技術的な問題から造船所が限られる（1ヵ所の造船所でしか建造できない）ことから、代わりに前述の鋼製潜水艦971型が量産されることになった。945型は2隻のみ建造され、どちらも現役である（なお1隻は2013年に近代化と燃料交換のためドック入りし、本書執筆時点も入渠中である）。計画愛称は「バラクーダ（Барракуда、カマス）」である。

また、改良型「**945A型**」（NATO名称：シエラII級）が2隻建造されている（どちらも現役）。計画愛称は「コンドル（Кондор）」である。さらに高い静粛性を目指した「**945Б[945B]型**」が起工されたが、ソヴィエト崩壊のあおりを受けて、30%建造された時点で計画が中止され、解体された。

※1：鋼は炭素などの微量成分の割合によって大幅に強度が変わる点に注意。

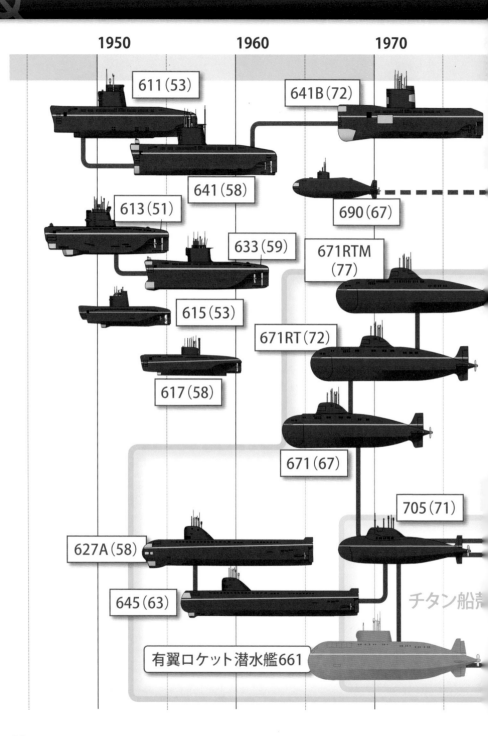

1950　1960　1970

611（53）

641B（72）

641（58）

690（67）

613（51）

633（59）

671RTM
（77）

615（53）

671RT（72）

617（58）

671（67）

705（71）

627A（58）

645（63）

チタン船売

有翼ロケット潜水艦661

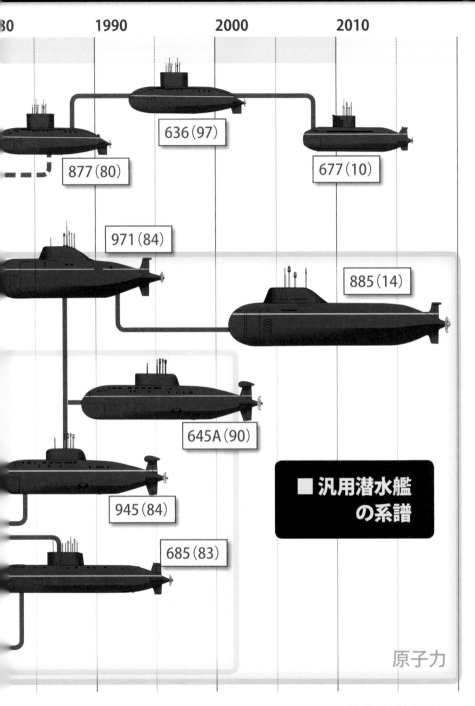

636（97）

877（80）

677（10）

971（84）

885（14）

645A（90）

945（84）

685（83）

■ 汎用潜水艦
　の系譜

原子力

第３章

※（　）内は就役年をあらわす。

## 3.6 有翼ロケット水中巡洋艦

### ■最強のアメリカ艦隊に挑む"飽和攻撃"

ソヴィエトの軍事戦略でもっとも重要なことは、アメリカを殲滅する戦略兵器の効率的運用であり、そのために海軍が果たすべきもっとも重要な役割は、弾道弾搭載型潜水艦を守り抜くことにある。特に「聖域」たる北極海とオホーツク海に、アメリカ機動艦隊を近づけさせないことは至上命題であった。しかし、このアメリカ機動艦隊は分厚い防空網に守られた世界で他に比肩すべきものなき"無敵の艦隊"であり、その中核たる航空母艦を撃滅あるいは接近させないことは、ほとんど不可能とも言えた。

これに対するソヴィエトの回答が"防空網の領域外から大量の対艦ミサイルを撃って、撃って、撃ちまくる"というものだった（いわゆる飽和攻撃）。敵が100発のミサイルを迎撃できるなら101発撃ち込めばいい！――という実に漢らしい考えと言えるだろう。

この巡航ミサイルによる攻撃は、空中・水上・水中の3方向から立体的かつ同時に行われることになっていたが、本節ではこのうち"水中"を担う巡航ミサイル潜水艦――ロシア語で「Ракетный подводный крейсер с крылатыми ракетами（有翼ロケット搭載型ロケット水中巡洋艦）」――について解説しよう（第1章で述べた通り、「有翼ロケット」とは巡航ミサイルのことである）。

ソヴィエトは、この潜水艦の設計にあたって"巡航ミサイルありき"で臨んだ。つまりミサイルにあわせて艦が設計されたのである。幅広い艦艇に搭載できるよう、兵器の汎用性を高めたアメリカ海軍とは対照的と言える。

### ■既存艦による巡航ミサイル運用試験

最初の潜水艦発射型有翼ロケット（巡航ミサイル）は60年代に登場した「П-5［P-5］」で

ある。ただし、これは対地攻撃用で、潜水艦発射式弾道弾が充分に整備されていなかったころの補完的な戦略兵器と言えた。

P-5は水中発射できず、発射にあたって搭載潜水艦は浮上しなければならないため、いささか実用性に問題のある兵器ではあったが、ソヴィエト特有の"対航空母艦用・大型ミサイル"の出発点として、忘れてはならないものだろう。一般に、ソヴィエトの対艦ミサイルに抱く「馬鹿でかい」というイメージは、P-5系列のものである。また、固体燃料ブースターで打ち上げ、加速後にターボジェットエンジンで巡航するため、胴体下部に空気取入口があるのがP-5系統の外観上の特徴である。

同ミサイルは、613型汎用潜水艦（ウイスキー級）を改造した「П613［P613］型」に搭載されて試験が行われた。P613型では、発射筒を船体後部の甲板上に水平に載せただけのもので、そこから引き出して飛行させる様子は、日本海軍の伊400型潜水艦と水上攻撃機「晴嵐」を彷彿とさせる。巡航ミサイルが"無人航空機"であることをよく表していると言えよう。

この試験結果をもとに、P-5の発射筒を搭載した「644型」と「665型」が6隻ずつ、ともに613型から改造された。644型はセイル後方の甲板上に2基の発射筒を水平に載せただけといったものだが、665型は4基の発射筒がセイルに斜めに埋め込まれるように搭載されている。

### ■超音速対艦ミサイルP-6

P-5を対艦用に改造したものが、潜水艦発射式の「П-6［P-6］」および水上艦発射式の「П-35［P-35］」である。巡航速度はマッハ1.5と超音速のため、発見からの対処時間が短く、迎撃が難しい。仮に航空母艦のマスト高を40mとした場合、見通し距離（水平線までの距離

／レーダーの索敵範囲※1) は24 kmだが、マッハ1.5であれば47秒しかかからない（実際の戦闘では護衛の艦艇や航空機によって、索敵範囲はより広がる）。超音速巡航能力は、同系列ミサイルの"強み"として以降も引き継がれていく。

当初の誘導方式は発射母艦（潜水艦）から行う方式であったが、のちに航空機（Tu-95RTs目標指定機やKa-25Ts目標指定ヘリコプター）から行う方式に改良された。高度のとれる航空機のほうが、はるかに長い見通し距離

を持つからである。

P-6を搭載する潜水艦として、ディーゼル・エレクトリック式の「651型」（NATO名称：ジュリエット級）が新造された。4本の発射筒が船体側面左右に2本ずつ埋め込まれており、発射時には斜めに起立した。651型は16隻建造されている。

■冷戦中期における主力巡航ミサイル潜水艦

651型の前後長を延ばしたような形状となったのが、P-5を6基搭載する「659型」（NATO

# 665型
## ウィスキー級（改造）

セイルに巡航ミサイル P-5 を4本収納！ まるで日本海軍の「伊401」だ

◇P-5 対艦有翼ロケット

でかいセイル…

名称：エコーI級）と、P-6を8基搭載する「675型」（同：エコーII級）である。これ以降、巡航ミサイル潜水艦は原子力推進式となる。659型は5隻が建造されたのみだったが、675型は29隻建造され、冷戦中期における巡航ミサイル潜水艦の中核戦力を担った。また、675型は新装備にあわせて順次改修されている。

「675K型」：人工衛星から情報を得るための通信システムを搭載。3隻が改修。
「675MK型」：P-500ミサイル（後述）搭載型。9隻が改修。
「675MУ [675MU] 型」：P-500に加えて、新型の標的指定システムを搭載。1隻が改修。
「675MKB [675MKV] 型」：P-1000ミサイル（後述）搭載型。4隻。

「П-500 [P-500] バザーリト（Базальт、玄武岩）」は、P-6直系の後継ロケットで、速度はマッハ2.5に上昇、射程もP-6の2倍（550km）に延伸された。これはアメリカの空母艦載機の戦闘行動半径が延伸したことに対応し

たものである。さらに構造材料にチタンを多用するなど軽量化し、代わりに燃料搭載量を増やすことで射程を2倍（1,000 km）にした「П-1000 [P-1000] ブルカン（Вулкан、火山)」へと進化する。

■小型対艦ミサイルの開発
　ソヴィエト特有の大型で長射程の対艦巡航ミサイルだが、システムが巨大化し、搭載できる艦艇も大型のものに限られるため、大量配備には向いていなかった。ソヴィエトは長大な海岸線を有しており、沿岸防衛用の小型艦艇が多く求められる。そこで、小型艦艇に搭載できる、より小型の対艦ミサイルが開発されることになった。性能的には射程100 km前後、亜音速で西側の対艦ミサイルに近い性能と言える。こうした小型で扱いやすい対艦ミサイルは、潜水艦発射式でも開発されている。
　「П-70 [P-70] アメティスト（Аметист、紫水晶)」は、こうして開発された。これを搭載するため「670型」（NATO名称：チャーリーI級）が建造された。涙滴形を採用し、ロケッ

発射筒が起立するぞ！

651型
ジュリエット級

トにあわせて、やや小型な形状となっている。P-70の発射筒は艦首部に集められ、8基が斜め上を向いた状態で船体に搭載され、大型巡航ミサイルの発射筒と異なり発射時に起立させる必要がない。また、巡航ミサイル潜水艦として初めて水中発射可能となった点も670型の特徴と言える。

670型は11隻、さらにP-70改良型の「П-120［P-120］マラヒート（Малахит、孔雀石）」を搭載する「670M型」（同：チャーリーII級）が6隻建造された。また、670M型のうち1隻は、後述するP-800ロケット試験艦へと改造されている（「06704型」）。

670型の計画愛称は「スキャット（Скат、エイ）」、670M型の計画愛称は「チャイカ（Чайка、カモメ）」である。

### ■初のチタン船殻潜水艦

P-70「アメティスト」搭載艦のうち、世界初のチタン船殻潜水艦として建造されたのが「661型」（NATO名称：パパ級）である。

チタン合金の優位性はすでに述べた通りだが、661型はさらに7,000トンの船体に2組の原子炉／タービン／推進器（スクリュー）を備え、潜水艦として異例の高速性能も備えていた。同艦は、1970年12月18日に水中速力44.7ノットという潜水艦速度の世界記録を出しており、この記録は現在にいたるまで破られていない（ただし、このときの騒音は「地球の裏側まで聞こえた」と言われるほど大きかったと言われている）。2軸の推進器を5mほど離して配置するために分岐させた艦尾形状は、後述する949型に受け継がれた。

661型は実験的な側面が強い潜水艦で、1隻しか建造されなかった。計画愛称は「アンチャール（Анчар、桑科の一種）」である。

※1：地球が丸いため、水平線までの距離（見通し距離）は観測者の高さによって変化する。たとえば一般的な成人男性（身長170cm程度）であれば、見通し距離は4〜5kmである。観測位置が高くなるほど、より遠くまで見通すことができる。

第3章

**670型 チャーリーI級**

艦首の左右に合計8本の巡航ミサイル発射筒を収納。艦首が膨らんでリーゼント・ヘアみたいだ

◇P-70 アメティスト

◇P-120 マラヒート

## 3.7 究極の空母キラー

### ■水中発射可能な
### 大型対艦巡航ミサイルP-700

　P-6系列の大型対艦巡航ミサイルは、P-500「バザーリト」、P-1000「ブルカン」に発展しても、水中発射できないという欠点は残った。そこで、水中発射可能なミサイルとして開発されたのが、「П-700[P-700]グラニート（Гранит、花崗岩）」である。

　それまでのP-6系列巡航ミサイルで機体下部にあった空気取入口は機首に移り、外見の印象が大きく変わった。水中発射を前提とするため、機首部にカバーを被せた状態で発射され、水面上に出た段階で外れる仕組みとなった。発射から加速までは、機体後部に取り付けられた固体推進式ロケットエンジンを用い、そののち本体のターボジェットエンジンで飛行する（加速用ロケットエンジンは円状に配置され、その中央にターボジェットエン

ジンのノズルが配置されている）。最大飛行速度は高高度でマッハ2.5、低高度でマッハ1.5を発揮する。

### ■人工衛星による中間誘導「レゲンダ」

　ミサイルの誘導には、慣性誘導に加え、発射母艦の近くでは指令誘導（母艦からの指令による誘導）、目標付近ではミサイル自身がレーダーを発して敵艦を索敵するアクティヴ・レーダー・ホーミングが用いられる。

　水平線をはるかに越えた数百kmの射程を持つ巡航ミサイルに欠かせないのが、中間誘導（発射母艦から目標到達までのあいだの誘導）である。P-6の項で解説したとおり、以前の有翼ロケットでは航空機（Tu-95RTsやKa-25Ts）が使用されたが、これら航空機を世界最強の防空能力を誇るアメリカ機動艦隊の近辺で有効に活動させることは、ほぼ不可能である。

　そこで、人工衛星を用いた測的システムが

949型有翼ロケット水中巡洋艦
(©Ministry of Defence of the Russian Federation)

◇P-700 グラニート
対艦有翼ロケット

ぼくが敵を見つけるよ

見つからないように
低空を飛ぼう

グラニートには"群れ"のように飛ぶモード
があるよ。リーダー機が高空から索敵して、
低空を飛ぶ仲間を目標まで導くんだ

**949型**
オスカーI級

セイルの左右にそれぞれ12基、
合計24基ものグラニート発射管を
備えた949型。横幅が広いので
正面から見ると、おまんじゅうみたい…

第3章

85

開発された。それが「17K114 レゲンダ（Легенда、伝説）海洋監視複合体※1」である。巡航ミサイルを敵航空母艦に命中させる、そのためだけに開発された、まさに“伝説”のシステムである。レゲンダは、パッシヴセンサーを搭載した電子情報収集衛星「УС-П [US-P]」と、アクティヴなレーダーを搭載した偵察衛星「УC-A [US-A]」の2種類の人工衛星から構成される。人工衛星単独の運用は1975年から開始され、レゲンダ複合体としては1978年から運用が開始された（現在では運用停止）。

### ■“群れ”をなす有翼ロケット

P-700の極めて特徴的な機能として、“群れ”のように飛行するモードがある。複数のP-700を発射した際、うち1基が高空を飛行して“リーダー”を務め、他のP-700はリーダーに従い低空で目標に向かう。敵を発見されないようにするためには低空を飛行したほうがよいが、それでは敵を見つけ難くなるという問題に対処したものだ。

リーダー機が見通しのよい高空に位置することで目標を捜索し、データリンクによって他のP-700に伝える。リーダーは撃墜されやすくなるが、リーダーが撃墜された場合は、他のP-700のうち1機が代わってリーダーとなる。まさに、対艦ミサイルによる大量同時攻撃を前提とした機能と言えるだろう。

このデータリンクシステムは、敵の電子攻撃に対しても生存性を高める。また、P-700には標的の自己判断機能があり、目標位置付近に複数の標的（艦艇）がいる場合には、それらの大きさを計算し、最大サイズの艦艇を目標に選ぶ。機動艦隊のなかで航空母艦を狙うための機能である。

### ■巡航ミサイル潜水艦の集大成

P-700を搭載すべく開発された、巡航ミサイル潜水艦の集大成と言うべき艦が「949型」（NATO名称：オスカーI級）である。949型は、セイルを挟んで船体の左右に沿って40度の傾斜角で2列24基の発射筒「CM-225 [SM-225]」を備える。この配置のため、船体は横に平べったい形となり、水中排水量は949型で22,500t、改良型の「949A型」（同：オスカーII級）で23,900tに達する。

949型は2隻、949A型は11隻建造され、うち949A型8隻が現役である。また、これとは別に超大型核弾頭魚雷「2M39 ポセイドン（Посейдон、ギリシャ神話の海神）」の母艦として1隻が建造されている（「09852型」、127ページ参照）。

949型の計画愛称は「グラニート（Гранит、花崗岩）」（P-700の愛称と同じ）、949A型の計画愛称は「アンテイ（Антей、ギリシャ神話の巨人アンタイオス）」である。

なお、P-700はアメリカ航空母艦撃滅の切り札であるため、潜水艦だけでなく水上艦艇にも搭載されている。それらについては第4章で解説する。

※1：“複合体”とは、さまざまな機器を含んだシステム全体を指すソヴィエト／ロシア兵器に特有の表現。今回の場合、複数の衛星や地上システムを含めたレゲンダの構成物全体（および機能）を表現している。

## 3.8 新世代の対艦ミサイル

### ■汎用発射機から発射可能

大型・超音速対艦ミサイルの開発はソヴィエトの崩壊により一旦中断したが、2000年代に再開され、「П-800 [P-800] オニクス（Оникс、縞メノウ）」として結実した。P-800は、諸元表を見るとP-700から大きな進歩が見られないが、P-700のような専用の巨大発射筒（および、それを搭載できる巨大な艦）を必要とせず、汎用発射機「3C14 [3S14]」から発射可能となった。これにより、より小型の、しかも多くの艦艇に搭載できる点は、大

きな進歩と言えるだろう。

　さらに新世代の巡航ミサイルとして注目されるのが、"ソヴィエト版トマホーク"こと3M10の直系である「**カリブル**（Калибр、口径）」である。3M10はトマホークに似た亜音速の長射程対地巡航ミサイルであったが、カリブルは地形照合誘導の対地型（「3M14」）のほか、対艦型（「3M54」）や対潜型（「91P［91R］」）を揃え、すべて汎用発射機3S14から発射できる。

■**小型艦艇からの長距離巡航ミサイル攻撃**

　2015年、シリア紛争に介入したロシアは、カスピ海上の艦艇から1,500 km先のシリアに向けて対地型カリブルによる攻撃を行い、注目された。このような長距離巡航ミサイル攻撃は過去にトマホークしか例がなく、しかも1,000t未満の小型艦艇から発射されたことは世界を驚かせた。同紛争では、黒海の636型ディーゼル潜水艦（改キロ級）からカリブルが発射された例もあり、これも前代未聞の運用であった（同艦は魚雷発射管から発射した）。比較的大型の艦艇や原子力潜水艦が発射母艦となるトマホークと異なり、ソヴィエト／ロシアが積極的に輸出している小型ディーゼル潜水艦による攻撃例は、中小国家による運用の可能性を示した。実際、ロシアはカリブルを国際兵器市場で積極的に売り込もうとしているようだ。

　オニクスとカリブルを搭載できる汎用発射機3S14は、ロシアの次世代艦艇に必ずと言っていいほど搭載されており、汎用性に優れていることがわかる。冷戦期、アメリカの兵器開発が汎用性を追求する一方、ソヴィエトが専用性の高い多様な兵器を運用したことを考えると、大きな変化と言える。今後のロシア海軍は、このような"西側チック"な兵器運用にシフトしていくのだろう。汎用潜水艦の項で説明したとおり、汎用潜水艦885型（ヤ

ーセン級）は巡航ミサイル発射区画（オニクス／カリブル発射可能）を備える。もはや専用の「有翼ロケット水中巡洋艦」を必要としない時代になっているのかもしれない。

■**次世代へと続く超音速対艦ミサイルの系譜**

　ロシアはまた、西側の強固な防空システムを突破すべく、最大速度マッハ5を超える極超音速対艦ミサイルの開発も進めている。「**3M22ツィルコン**（Циркон、ジルコン）」は、グラニートの後継と言える対艦巡航ミサイルであり、汎用発射機3S14から発射できる。また、既存のグラニート搭載艦（潜水艦と水上艦艇の両方）も順次3M22が発射できる発射機に換装が進んでいる。"大型超音速対艦有翼ロケット"の系譜が続いていることに、筆者は個人的にホッとしている。

　また、運用停止したレゲンダに代わり、新たな海洋監視複合体「リアーナ（Лиана、蔓）」が開発された。電子情報収集衛星「ロトスS（Лотос-С、蓮）」とレーダー偵察衛星「ピオンNHS（Пион-НКС、牡丹）」で構成され、2009年から衛星打ち上げが開始されている。

　ツィルコンとリアーナにより、ロシア海軍は21世紀においても世界最強の"空母キラー"としての地位を維持し続けることであろう。

第
3
章

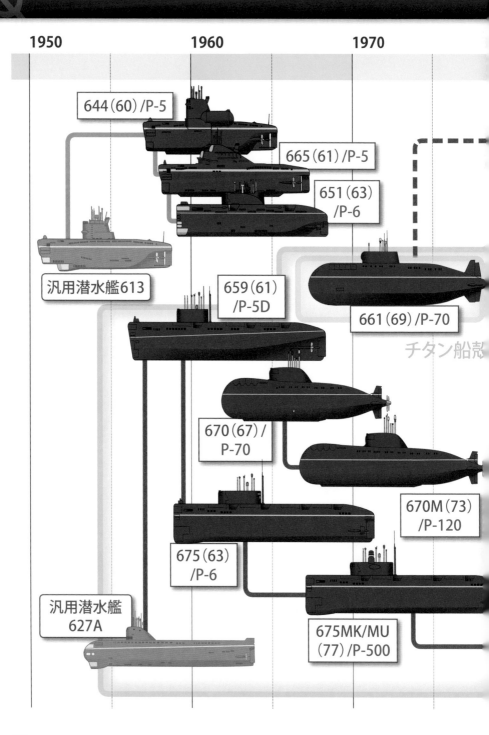

1950 1960 1970

644（60）/P-5

665（61）/P-5

651（63）/P-6

汎用潜水艦613

659（61）/P-5D

661（69）/P-70

チタン船壳

670（67）/P-70

670M（73）/P-120

675（63）/P-6

汎用潜水艦627A

675MK/MU（77）/P-500

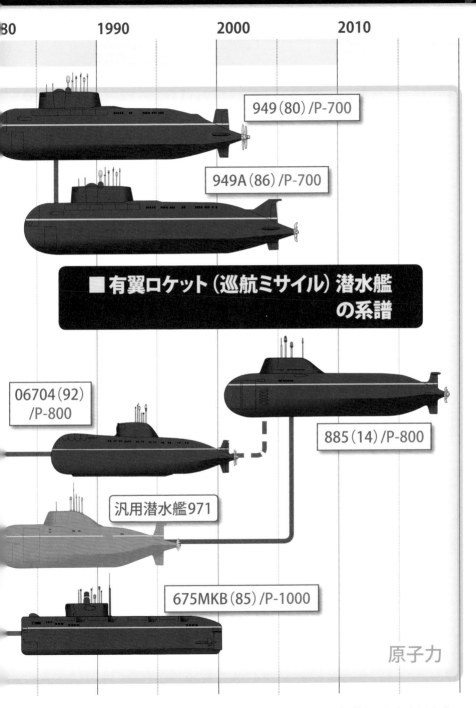

80　　　　　1990　　　　　2000　　　　　2010

949（80）/P-700

949A（86）/P-700

■有翼ロケット（巡航ミサイル）潜水艦
の系譜

06704（92）
/P-800

885（14）/P-800

汎用潜水艦971

675MKB（85）/P-1000

原子力

第3章

※（ ）内は就役年をあらわす。青字は搭載する有翼ロケット（巡航ミサイル）をあらわす。

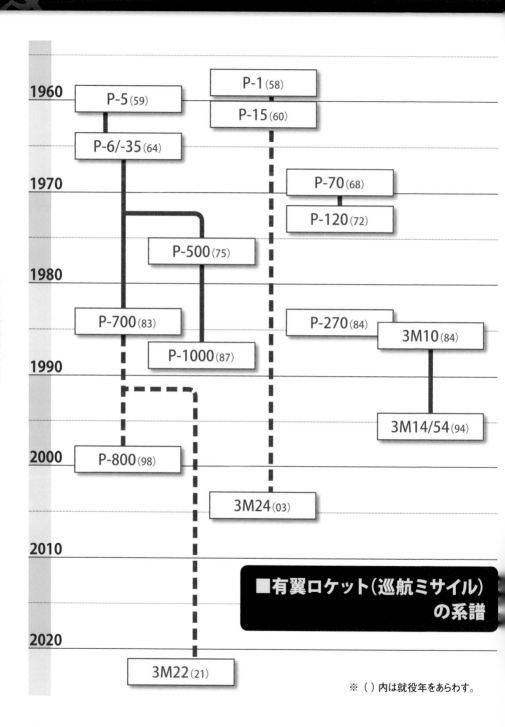

1960 — P-5 (59)
P-1 (58)
P-15 (60)
P-6/-35 (64)

1970 — P-70 (68)
P-120 (72)
P-500 (75)

1980 —
P-700 (83)    P-270 (84)    3M10 (84)
P-1000 (87)

1990 —
3M14/54 (94)

2000 — P-800 (98)
3M24 (03)

2010 —

■有翼ロケット（巡航ミサイル）
　　　　　　　　　の系譜

2020 —
3M22 (21)

※（　）内は就役年をあらわす。

# 潜水艦戦力の推移

## ■巡航ミサイル潜水艦の戦力推移

　巡航ミサイル潜水艦と汎用潜水艦について、戦力の推移を見ていこう。まず、巡航ミサイル潜水艦だが、60年代後半の急速な増え方がヤヴァいが、これはアメリカ空母機動艦隊への恐怖心の裏返しでもある。その後、全体数は緩やかに減少しているが、原子力方式は順調に増加していることから、新型への入れ替わりがなされていることがわかる。1990年代に入ると、この巨大戦力もソヴィエト崩壊により一気に減少し、2000年代前半に8隻になって以降は、がんばってなんとかそれを維持している状態である。8隻はすべて949A型である。

　一方、アメリカは巡航ミサイル潜水艦の数が極端に少ない。また、これらは主に対艦ではなく対地攻撃を意図している。前述したように"対艦ミサイルによる空母機動部隊攻撃"というアイデアが、ソヴィエト独特のものだからである。

第3章

# ■有翼ロケット（巡航ミサイル）潜水艦の在籍数——対米比較

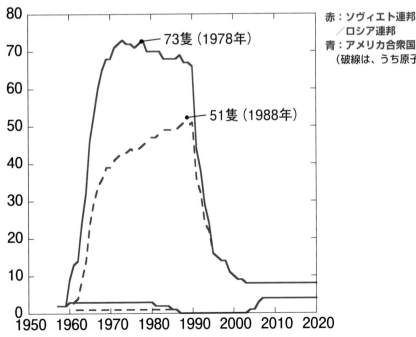

赤：ソヴィエト連邦／ロシア連邦
青：アメリカ合衆国
（破線は、うち原子力艦）

73隻（1978年）
51隻（1988年）

## ■汎用潜水艦の戦力推移

　汎用潜水艦は1950年代に一気に整備されている。そのほとんどがディーゼル・エレクトリック式で、近海の防衛が主たる任務であった。ようやく原子力式が整備されて外洋艦隊らしくなるには、80年代まで待たなくてはならない。ここまで時間がかかった理由は、弾道弾搭載型潜水艦や巡航ミサイル潜水艦の原子力化を優先したことにある。やはりソヴィエト連邦崩壊によって激減し、21世紀に入ってからは原子力式とディーゼル・エレクトリック式を半分ずつ運用し、数的にも安定している。

　一方のアメリカ汎用潜水艦（いわゆる攻撃型潜水艦）は、対艦のほか巡航ミサイルによる対地攻撃もこなす文字通りの“汎用”艦であり、冷戦終結後も最盛期の半分程度を維持し続けている。

# ■汎用（攻撃型）潜水艦の在籍数──対米比較

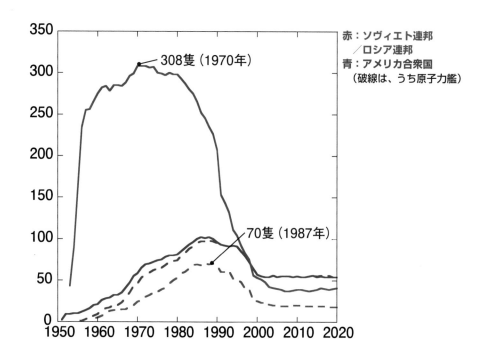

赤：ソヴィエト連邦
　　／ロシア連邦
青：アメリカ合衆国
　　（破線は、うち原子力艦）

308隻（1970年）

70隻（1987年）

# ソヴィエト連邦／ロシア連邦の艦艇分類

## 潜水艦の分類

### ■アメリカ海軍の分類

アメリカ海軍では潜水艦を、主兵装と推進方式で分類し、建造順に割り振った通し番号を組み合わせた艦籍番号で整理している。

サブマリン（Submarine）の頭文字から、潜水艦は「SS」とあらわす（頭文字を2回重ねる）。兵装が、弾道弾であれば「B（Ballistic）」、巡航ミサイルであれば「G（Guided weapon）」が付与される（汎用潜水艦は無印）。さらに推進方式が原子力推進であれば「N（Nuclear powered）」が加わる（ディーゼル・エレクトリック推進であれば無印）。たとえば巡航ミサイル原子力潜水艦「ジョージア」は、艦籍番号「SSGN-729」である。

### ■ソヴィエト／ロシア海軍の分類

ソヴィエトは、原子力推進式を「水中巡洋艦（Подводный Крейсер）」、ディーゼル・エレクトリック推進式を「大型潜水艇（Большой Подводная Лодка）」に分類した[1]。水中巡洋艦には、弾道弾搭載型・有翼ロケット（巡航ミサイル）搭載型・汎用型の3種類がある（大型潜水艇は汎用型のみ）。

艦籍番号は、兵装に関わらず水中巡洋艦は「K」、大型潜水艇は「Б」であらわし、番号が割り振られるのだが、ややこしいことに番号は建造順ではない。同型艦ですらバラバラで、大小の数字が混在している。たとえば705型原子力推進潜水艦（水中巡洋艦）の1番艦は「K-64」だが、2番艦は「K-123」、3番艦は「K-316」といった具合だ。ソヴィエト時代には艦籍番号がそのまま艦名とされたが、ロシア時代に入り、乗員たちの要望を受けて個別の艦名がつけられるようになった。たとえば885型原子力推進潜水艦（水中巡洋艦）の1番艦は艦籍番号「K-560」、艦名「セヴェロドゥヴィンスク」である。

### ■ソヴィエト潜水艦の分類

| 分類 | 推進機関 | 用途 |
|---|---|---|
| 水中巡洋艦<br>Подводный Крейсер | 原子力推進 | 弾道弾搭載型 |
| | | 有翼ロケット<br>（巡航ミサイル）搭載型 |
| 大型潜水艇<br>Большой Подводная Лодка | ディーゼル・<br>エレクトリック推進 | 汎用型 |

### ■艦級の表記は存在しない

アメリカなど西側諸国では同型艦1番艦の艦名をもって「オハイオ級」と艦級をあらわすが、ソヴィエト／ロシアにはそういった習わしがない。ただ、「Проект 941（941計画）」のように艦艇の建造計画に番号が割り振られているため、（厳密には異なるが）艦級のように用いることができる。本書では、この計画番号から「941型」のように表現している。なお、これまでも書いているとおり、計画に愛称がつけられることもあるが、これも艦級とは異なる（941型の計画愛称「アクラ（鮫）」など）。

### ■潜水艦のNATOコードネーム

冷戦中、計画番号すら不明なソヴィエト潜水艦を分類するため、NATOは独自のコード

93

ネームを付与した。NATOコードネームは、兵器ごとに規則性を持っているが、潜水艦に関しては「フォネティック・コード」※2が充てられた。しかし、アルファベットが26字しかないため冷戦末期には足りなくなり、以降は計画愛称を推測したものが用いられるようになった。ただ、これは間違いが多く、一層の混乱を招いている。現在では計画番号や艦名などの情報が公開されているため、NATOコードネームの役割は失われたと言えるだろう。

※1：ロシア連邦時代になって、原子力推進式のものでも水中排水量10,000t以下の汎用潜水艦は大型潜水艦に艦種変更された。有翼ロケット潜水艦は全て水中巡洋艦である。
※2：通信でアルファベットを正確に伝えるための用いられたコード。「A、B、C…」を「アルファ、ブラヴォー、チャーリー…」と言い換える。

## 水上戦闘艦艇の分類

### ■アメリカ海軍の分類

　本章でも、日本ではなじみのあるアメリカ海軍の分類から話を進めていこう。大型の艦艇から順に、航空母艦（aircraft Carrier、CV）、戦艦（Battleship、BB）、巡洋艦（Cruiser、CC）、駆逐艦（Destroyer、DD）、護衛駆逐艦（Escort Destroyer、DE）、フリゲイト（Frigate、FF）と分類され、（潜水艦と同様に）ミサイル搭載艦には「G」、原子力推進式には「N」の記号が追加された。ただし、ここで言う「ミサイル」とは対空ミサイルであり、対潜・対艦ミサイルを搭載しても「G」は付かなかった※3。

　余談ながら、空母がAA（Aircraft carrier）、

| | NATO コード | 計画番号 | 計画愛称 |
|---|---|---|---|
| A | アルファ | 705 | リーラ |
| B | ブラヴォー | 690 | ケファリ |
| C | チャーリー | 670 | スキャット |
| | | 670M | チャイカ |
| D | デルタ | 667B | ムレナ |
| | | 667BD | ムレナM |
| | | 667BDR | カリマール |
| | | 667BDRM | デリフィン |
| E | エコー | 659 | |
| | | 675 | |
| F | フォックストロット | 641 | |
| G | ゴルフ | 629 | |
| H | ホテル | 658 | |
| | | 701 | |
| I | インディア | 940 | |
| J | ジュリエット | 651 | |
| K | キロ | 877 | バルトゥース |
| | | 636 | ヴァルシャヴァンカ |
| L | リマ | 1840 | |
| M | マイク | 685 | プラヴニク |
| N | ノヴェンバー | 627 | キート |
| | | 645 | |

| | | 計画番号 | 計画愛称 |
|---|---|---|---|
| O | オスカー | 949 | グラニート |
| | | 949A | アンテイ |
| P | パパ | 661 | アンチャール |
| Q | ケベック | 615 | |
| R | ロメオ | 633 | |
| S | シェラ | 945 | バラクーダ |
| | | 945A | コンドル |
| T | タンゴ | 641B | ソム |
| U | ユニフォーム | 1910 | |
| V | ヴィクター | 671 | ヨルシュ |
| | | 671RT | ショムガ |
| | | 671RTM | シチューカ |
| W | ウイスキー | 613 | |
| | | 644 | |
| | | 665 | |
| X | エックスレイ | 1851 | |
| Y | ヤンキー | 667A | ナヴァガ |
| Z | ズールー | 611 | |
| | タイフーン | 941 | アクラ |
| | アクラ | 971 | シチューカB |
| | | 955 | ボレイ |
| | | 885 | ヤーセン |
| | | 677 | ラーダ |

護衛駆逐艦がEE（Escort destroyer）であれば、AからFまで綺麗に並んだのになぁ…と著者は思っている。

## ■ソヴィエト／ロシア海軍の分類

　ソヴィエト海軍の分類を見ていこう。第2次大戦後、戦艦は絶滅し、航空母艦（Авианосец）は当初保有していなかった。最大の艦種が「巡洋艦（Крейсер）」であり、その下は"対艦用"、"対潜用"の2系統にわかれた。対潜用として「大型対潜艦（Большой Противолодочный Корабль）」と「小型対潜艦（Малый Противолодочный Корабль）」が、対艦用として「艦隊水雷艇（Эскадренный Миноносец）」、「小型ロケット艦（Малый Ракетный Корабль）」、「ロケット艇（Ракетный Катер）」に分類される。艦隊水雷艇は西側の駆逐艦に相当するが、フリゲイトに相当する小型・多用途の艦として「警備艦（Сторожевой Корабль）」が置かれている。

　任務や搭載兵器そのままの分類名だが、これはソヴィエト海軍が"まず兵器（ロケット）ありき"で、それにあわせて搭載艦艇を作る————という考えであったからだろう。汎用性を求めるアメリカ海軍とは真逆の方式である。しかし、21世紀に入って艦種の分類が一部変更され、大型対潜艦と警備艦はまとめて「フリゲイト（Фрегат）」に分類された。これは汎用艦種への移行が進んでいることがあらわれている。

## ■艦名と艦級の分類

　水上艦艇は、大型艦には個別の艦名がつけられた。西側では、冷戦前期には独自のNATOコードネームをつけていたが（例：「クレスタ級」）、後期になるとNATOコードネームを設けず、1番艦の名前から「ウダロイ級」、「ソヴレメンヌイ級」と分類した。しかし、ソヴィエトには「○○級」といった艦級の分類方法はなく、潜水艦同様に計画番号で分類されていた（例：956型）。

※3：現代のアメリカ海軍では、対空ミサイルを搭載しない大型水上戦闘艦艇はない。

| ソヴィエト連邦 | | アメリカ合衆国 |
|---|---|---|
| 巡洋艦<br>Крейсер | | 巡洋艦<br>Cruiser　CC |
| 大型対潜艦<br>Большой Противолодочный Корабль | | 駆逐艦<br>Destroyer　DD |
| 艦隊水雷艇<br>Эскадренный Миноносец | | |
| 警備艦<br>Сторожевой Корабль | フリゲイト<br>Frigate　FF | 護衛駆逐艦<br>Escort Destroyer　DE |
| 小型対潜艦<br>Малый Противолодочный Корабль | | |
| 小型ロケット艦<br>Малый Ракетный Корабль | | コルヴェット<br>Corvette |

# 第4章
# 水上戦闘艦艇

©Ministry of Defence of the Russian Federation

# 矛と盾——ソヴィエト艦隊とアメリカ艦隊

ソヴィエト連邦海軍は、潜水艦の保有数がアメリカ合衆国の3倍を超える、世界に類のない圧倒的戦力であったのに対して、水上戦闘艦艇についてはアメリカと比較して小さく、"こぢんまり"した印象さえ受ける。しかし、それは比べる相手が悪いのであって、最盛期にはアメリカに次ぐ世界第2位の戦力を保持していた。そしてより重要なことは、彼らの"基本戦略"を達成するに足る戦力であったことだろう。

すでに述べたとおりソヴィエト連邦海軍の主たる任務は、弾道弾搭載型潜水艦とその活動地域たる「聖域」（北極海、オホーツク海）を守ることである。そのためには接近するアメリカ空母機動艦隊を撃滅しなくてはならない。

前章で紹介した巡航ミサイル潜水艦と同様に、対艦巡航ミサイルは水上艦艇にも積極的に搭載されている。巡洋艦はもちろん、沿岸用の小型艇にいたるまで、徹底して対艦ミサイルの搭載をすすめた。アメリカ海軍が対空ミサイルの艦艇搭載を重視したことと対照的だが、"大量の対艦ミサイルによる空母攻撃を志向するソヴィエト"と"その攻撃から空

母を防衛するアメリカ海軍"が「矛と盾」の立場であることを如実に物語っているといえる。

### ■アメリカ潜水艦の脅威

ソヴィエト海軍が倒すべき敵は空母機動艦隊だけではない。もうひとつの恐るべき敵が潜水艦部隊である。潜水艦の脅威は主に2つある。

・「聖域」を侵して弾道弾搭載型潜水艦を狙う、アメリカ攻撃型潜水艦
・外洋において、ソヴィエトを狙うアメリカ弾道弾搭載型潜水艦

この2つの脅威に対処するには、近海で迎え撃つだけでなく、外洋で積極的に敵潜水艦を狩る対潜部隊が必要となる。前章で日本の突出した対潜能力について述べたが、冷戦期のソヴィエト海軍はそれ以上の対潜能力を備えており、対潜専用の水上艦艇を大量に揃え、また現代の日本のように対潜用航空母艦を最大4隻も運用していた。

本章では、ソヴィエト／ロシアの水上艦艇について「対機動艦隊」と「対潜水艦」を2つの柱として解説を進めていきたい。

96

## 4.1 ロケット巡洋艦

### ■世界初の対艦ミサイル巡洋艦58型

まず最初に、大戦後のソヴィエトで最大の水上戦闘艦艇となった巡洋艦から見ていこう。冷戦期のソヴィエトにおいて巡洋艦は空母機動艦隊撃滅の中心となる水上戦闘艦艇とみなされ、前章で解説した対艦（対航空母艦）用の大型超音速対艦有翼ロケット（巡航ミサイル）を主兵装とした「ロケット巡洋艦」となった。

ソヴィエト初の、そして世界初の対艦ミサイル巡洋艦が「**58型**」（NATO名称：キンダ級）である。前章でも紹介した対艦巡航ミサイルP-35（P-6水上艦艇型）を搭載した。P-35は4連装発射機「CM-70[SM-70]」に納められた。艦橋構造物の前後、船体の中心線状に2基配置され、基本的には敵と併進しながら横向きに発射するという、大艦巨砲時代の艦砲のような運用方式だった（この配置は、発射時の噴煙を反対舷側に逃せるという利点があった）。

非常に大型のSM-70発射機は、排水量わずか5,570 tの本型には、過積載であるかのようにアンバランスに見えるが、よく言われる「小さな船体に無理やり搭載した」というのは西側からの視点であって、「この発射機を搭載できる最小限の船体を設計したらこうなった」が正しい。当然ながらミサイルの運用にはなんら問題はなかった。SM-70発射機の前方には、艦隊防空を担う長射程対空ミサイル「**M-1ヴォルナ（Волна、波）**」が搭載されており、対艦・防空の能力を備えた近代的艦艇であった。

軽量化のため、上部構造物にはアルミニウム・マグネシウム合金が使われた。鋭いピラミッドのような形状のマストは、以降のソヴィエト大型艦艇に踏襲されるデザインとなった。本型は当初16隻の建造が計画されたが、結局4隻に止まっている。

艦橋の前後に回転式の
対艦ミサイル発射管！
まるで大砲みたいだね

SM-70 4連装発射機

ロケット巡洋艦
**58型**
キンダ級

## ■対潜ヘリコプターの運用能力を高めた1134型

次なるロケット巡洋艦「1134型」（NATO名称：クレスタI級）は、58型より一回り大きな船体ながら、P-35連装発射機「KT-35」2基と減少した。しかし、艦橋左右に固定配置されて、すっきりとした外観となり、船体に余裕ができたぶんヘリコプターの格納庫が設けられ、艦載ヘリコプター2機を搭載する（58型は1機のみ、格納庫なし）。対空ミサイルは改良型「ヴォルナM」となり、発射機は船体前後に2基備える。1134型は4隻建造された。計画愛称は「ビエルクート（Беркут、イヌワシ）」である。

## ■重武装の対艦ミサイル艦1164型

前章で、P-6/P-35がP-500「バザーリト」とP-700「グラニート」という2つの対艦ミサイルに進化した話をしたが、それぞれを搭載する巡洋艦が建造された。P-500を搭載すべく建造されたのが「1164型」（通称：スラヴァ級）である。艦橋の両側に2連装発射機「СМ-248［SM-248］」が4基ずつ、合計16発のP-500が並んでおり、その迫力ある武装が本型の外観上における最大の特徴となっている。のちにP-500はP-1000「ヴルカン」に換装されている。

本型のもうひとつの特徴が、煙突後方に配置された対空ミサイル複合体「С-300Ф

1164型ロケット巡洋艦。P-1000有翼ロケット用の巨大なSM-248発射機が甲板上に整列するさまは、まさに圧巻である。ピラミッド形マストと合わせ、冷戦期のソヴィエト艦艇を象徴するかのような艦容だ。一方でS-300F対空ロケットは垂直発射式で時代を先取りしていた。画像の3番艦「ヴァリャーク」は、太平洋艦隊の旗艦を務める（著者撮影）

[S-300F] フォート（Форт、要塞）」の垂直発射機「Б-204［B-204］」である。8連装の発射機が船体に鉛直に挿し込まれ、リボルバー式拳銃のように回転しながら発射位置についたものから発射されるという、やや複雑な動きをする。垂直発射機と言えば、アメリカのMk41 VLSがもっともよく知られている。こちらはミサイルコンテナを集合させたシンプルな構造で、B-204と比較して機能的だと思われるかもしれないが、垂直発射機構そのものはソヴィエトのほうが9年早く実用化させている（B-204の前身B-203）。

　1136型は6隻計画されたが、完成したのは4隻で、ソヴィエト崩壊時にウクライナへと引き渡された1隻を除いた3隻がロシア海軍で現役である。1164型の計画愛称は「アトゥラント（Атлант、ギリシア神話の巨人アトラス）」である。

### ■世界最大の水上戦闘艦1144型

　P-700「グラニート」を搭載すべく建造されたのが「1144型」（通称：キーロフ級）重原子力ロケット巡洋艦である。"重"とあるように排水量はなんと25,860 tにもおよび、大戦期の戦艦に匹敵する。90年代にアメリカのアイオワ級戦艦4隻が退役して以降は、世界最大の水上戦闘艦となっている。

　また、その名の示す通り、「KH-3［KN-3］」原子炉を2基搭載する原子力タービン推進艦である点も本型の特徴と言える。原子力推進式ながら煙突がついているが、これは万が一のために補助ボイラーを2基搭載しているためである。

　ここまで巨艦となった理由は、P-700発射機「CM-233［SM-233］」を20基、S-300Fの8連装垂直発射機「Б-203A［B-204A］」を12基（合計96発）搭載するという重武装のためである。まさに"史上最強の水上戦闘艦"である。これらは船体に埋め込まれるかたちで艦

橋の前方に配置され、艦橋は一般的な水上艦艇より後方に下げられた。このことが、往年の戦艦を彷彿とさせるどっしりとして優美なシルエットを実現している。

　SM-233発射機は垂直ではなく60度の角度で船体に埋め込まれており、そのため蓋が縦長になっている。また、面白いことに、水上艦艇に搭載されているにもかかわらず、発射時には発射筒に注水する。潜水艦発射式からの派生であることを強く伺わせる。

　7隻が計画され4隻が完成したが、本稿執筆時点で稼働しているのは4番艦「ピョートル・ヴェリキイ[※1]」1隻のみで、1番艦は処分待ち、2番艦は長期保管中、そして3番艦「アドミラル・ナヒモフ[※2]」は近代化改装中である。

　「ピョートル・ヴェリキイ」は、S-300Fのうち半数が弾道ミサイル防衛も可能な改良型「C-300ФМ［S-300FM］フォートM」となっており、「アドミラル・ナヒモフ」はすべてS-300FMに換装される。あわせて対艦兵装として前章で紹介した対艦ミサイルP-800「オニクス」、「カリブル」、極超音速対艦ミサイル「ツィルコン」などを搭載可能な汎用発射機「3C14［3S14］」を80セル搭載する予定である。「アドミラル・ナヒモフ」の改装後には「ピョートル・ヴェリキイ」も同様の改装を受けることになっている。この改装により、本型は21世紀においても"最強の水上戦闘艦"たる地位を占め続けるだろう。1144型の計画愛称は「オルラン（Орлан、海鷲）」である。

### ■次世代の大型水上艦計画──23560型

　ソヴィエト崩壊後は一時、新型艦艇の建造が停止した。再開してからも水上艦艇は小型なものから少しずつ整備される状況だったが、2010年代に入り久々の大型艦計画が明らかになった。艦隊水雷艇「23560型」（計画愛称：リデル）である。

　艦種は"艦隊水雷艇（駆逐艦）"となっては

いるが、排水量19,000 tの巨体に（公開された模型によれば）極超音速対艦ミサイル「ツィルコン」56発、新型対空ミサイル「9K96リドゥート（Редут、警備要塞）」16発、さらに本書執筆現在も開発中の超長距離防空システムS-500の艦載型を48発搭載する重装備ぶりで、"1144型の21世紀版"といった偉容を誇る。

　ただし、予算の逼迫するロシア連邦軍にあって、どれだけ建造されるのか、そもそも建造されるのか（計画中止との報道もあり）、不透明である。

※1：ロシア語表記では「Пётр Великий」。「ピョートル大帝」の意味。
※2：ロシア語表記では「Адмирал Нахимов」。「ナヒモフ提督」の意味。

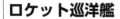

ロケット巡洋艦
# 1144型
## キーロフ級

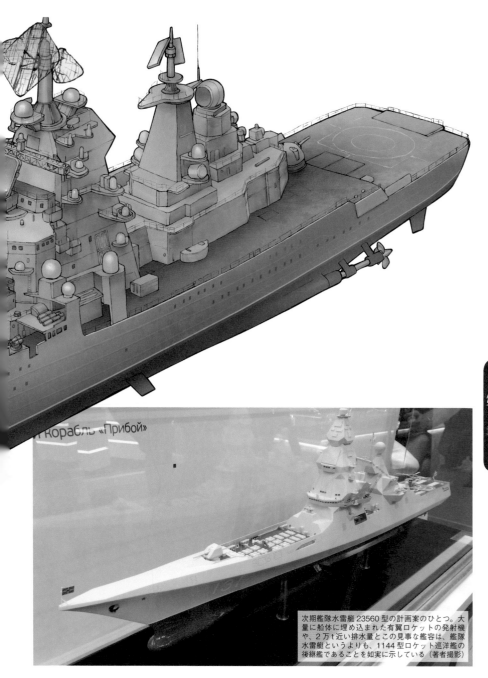

Корабль «Прибой»

次期艦隊水雷艇23560型の計画案のひとつ。大量に船体に埋め込まれた有翼ロケットの発射機や、2万t近い排水量とこの見事な艦容は、艦隊水雷艇というよりも、1144型ロケット巡洋艦の後継艦であることを如実に示している（著者撮影）

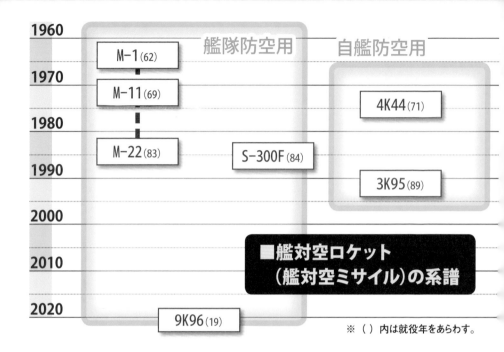

■艦対空ロケット
(艦対空ミサイル)の系譜

※ ( ) 内は就役年をあらわす。

## 4.2 大型対潜艦

### ■対潜艦としては発展途上な61型

　ソヴィエトがいかに対潜水艦作戦を重視しているのか──それを示すのが、この艦種だろう。対潜専用の大型艦と言えば、かつてアメリカ海軍がスプルーアンス級駆逐艦を31隻も配備していたが、現在ではすべて退役している。

　最初の大型対潜艦は「61型」(NATO名称:カシン級) である。これはもともと警備艦として建造されたが、のちに大型対潜艦に分類された。しかし、無誘導の対潜迫撃砲は備えているものの誘導式の対潜ミサイルを持たず、対潜ヘリコプターも1機運用可能だが格納庫が無く、本格的な対潜艦とは言い難かった。一方で、M-1対空ミサイル発射機を2基、またいくつかの艦には対艦ミサイルが搭載さ

れるなど、どちらかと言えば艦隊水雷艇に分類されるべき能力となっている。そのためNATO側も本型を"駆逐艦"として認識していた。

　また、本型は世界初のオール・ガスタービン艦として知られている。ガスタービンエンジンは、同じ出力で比べるなら蒸気タービンよりはるかにコンパクトかつ軽量で、また、立ち上がり時間も短く機敏なため、軍用艦のエンジンとしては理想的である。運用や整備の面でも蒸気タービンよりも優れている。61型は20隻建造された。

### ■対潜ミサイルを備えた
### 本格的対潜艦1134A型

　つづく大型対潜艦は「1134A型」(NATO名称:クレスタII級) である。計画番号からわかるように、1134型ロケット巡洋艦の派生

## 大型対潜艦
# 1134Ａ型
## 1134A　クレスタⅡ級

対潜ミサイルシステム
URPK-3
（KT-500 発射機）

◇ 85R 対潜ミサイル

85R ロケットは空中飛行用のロケットが水中航行
用の魚雷を下に抱えて飛ぶよ！ 射程は長いけど、
この形状のおかげで発射管はデカくなってしまった

## 大型対潜艦
# 1134Ｂ型
## 1134B　カーラ級

4K33 対空ミサイルは、
平常時は船内に格納されている。
発射機がせり出すギミックがカッコいいね！

◇ 4K33 対空ミサイル

第
4
章

型で、P-35対艦ミサイルのかわりに対潜ミサイルシステム「УРПК-3［URPK-3］ミティエル（Метель、吹雪）」を搭載した。もともと1134型が、URPK-3の装備を前提とする対潜艦として計画されたが、兵装開発の遅れから搭載を断念していた。

URPK-3は兵装システム全体の名称であり、搭載されるミサイルは「85P［85R］」という。85Rは飛行用のミサイルが魚雷を抱きかかえるような独特の形状をしており、上下幅が大きいぶん発射機（「KT-100」）が巨大である。85Rはミサイル部分で空中を飛翔したのち、定められた場所（敵潜水艦の近傍）で魚雷が切り離され、魚雷単体で敵潜水艦に向かう。射程は長く、西側のアスロック対潜ミサイルが10 km程度なのに対して55 kmを誇る。のちに90 kmまで射程を延伸し、対水上艦用にも使えるようになった「85РУ［85RU］」ミサイルに置き換えられた（85RUを含むシステムは「УРПК-5［URPK-5］ラストゥルーブB（Раструб-Б、トランペット）」と呼ばれる）。

本型は対潜任務以外にも艦隊防空も担い、M-1の後継型の「M-11 シュトルム（Шторм、嵐）」対空システムが搭載されている。面白いことに、URPK-3では空中飛翔中の制御にM-11の射撃指揮システムを使用する。

61型より船体が大きくなったぶん、ヘリコプター格納庫が設けられ、ソヴィエト初の本格的な対潜艦となった（搭載機数は1機）。1134A型は10隻建造された。計画愛称は「ビエルクートA」である。

■ **1134A型より
さらに対潜能力を高めた1134B**

1134A型を改良したのが「1134Б［1134B］型」（NATO名称：カーラ級）である。大きく変わったのは、主機が蒸気タービンからガスタービンになったことである。また外観上では、曳航式可変深度ソナーの搭載により、艦

尾に発進用の大きな扉が追加されている（後述の1155型も同様）。

海水の状態によりソナーには死角が生じるが、船体に固定されたソナーでは死角が特定の位置・方向にあらわれる。可変深度ソナーは、船体から離れ、深度を変えることで死角を少なくしようというものである[1]。

また、対空兵装は、艦隊防空用のM-11に加えて、自艦防空用に短射程の「4K33オサM（Oca-M、スズメバチ）」対空ミサイルシステムも搭載した。4K33は、古典的な旋回アーム懸架式の発射機を使うが、これは通常時に船体内に格納され、発射時のみ迫り出してくるという、なんとも"厨二心"をくすぐるギミックになっている。なお、4K33は巡洋艦から小型ロケット艦まで、はば広く搭載された（なお、4K33は地上用短距離防空ミサイル「9K33 オサ」の艦載版である）。

1134B型は7隻建造されたが、4番艦は就役後にS-300F対空システムが搭載され、試験任務に従事した（6連装B-203発射機を搭載した）。

■ **大型対潜艦の決定版1155型**

この系譜の最後を飾る、大型対潜艦の"決定版"と言えるのが「1155型」（通称：ウダロイ級）である。

1155型はURPK-5対潜ミサイルシステムを搭載する一方、対空兵装は短射程の自艦防空用「3K95キンジャール（Кинжал、短剣）」のみを備えた。3K95はS-300Fと同じく8連装垂直リボルバー式の発射機に収納された（なお、3K95は地上用短距離防空ミサイル「9K330トール」の艦載版である）。また、対潜ヘリコプターは2機に増え、格納庫も2機収納できるように大型化した。

1155型は13隻建造され、最終13番艦はURPK-5対潜ロケットの代わりに後述するP-270対艦有翼ロケットを搭載した。こちら

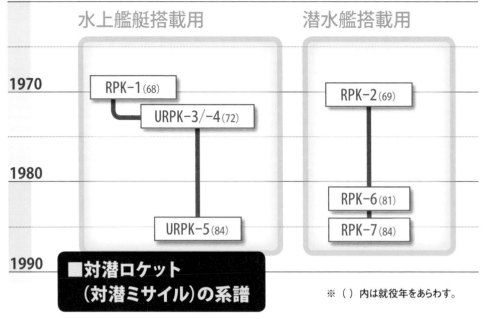

| 1960 | | |
|---|---|---|
| | 水上艦艇搭載用 | 潜水艦搭載用 |
| 1970 | RPK-1(68)　URPK-3/-4(72) | RPK-2(69) |
| 1980 | URPK-5(84) | RPK-6(81)　RPK-7(84) |
| 1990 | | |

■対潜ロケット
（対潜ミサイル）の系譜

※（ ）内は就役年をあらわす。

は「**11551型**」（通称：ウダロイ II 型）と呼ば
れる。URPK-5を失った代わりに、魚雷発射
管から発射可能なRPK-6対潜ロケットを搭
載することで対潜能力は補完されている。ソ
ヴィエト艦艇は、水上艦も533mm長魚雷発
射管を標準装備しているため、このような武
装が可能なのである[2]。RPK-6の登場によ
り、URPK-3/-4/-5系列の巨大な対潜ミサイ
ル発射機は不要となった。
　1155型は冷戦期に建造された艦艇として
は、現在もっともアクティヴに活動している。
日本にもたびたび来航するため、乗艦経験の
ある方も多いのではないだろうか。本書執筆
時点でも8隻が現役にあり、予備役の1隻が近
代化改装待ちである。計画愛称は「フレガー
ト（Фрегат、フリゲイト）」で、コラムで解説
した通り、現在は大型対潜艦の艦種が廃止さ
れフリゲイトとなったため、"愛称通り"の

艦種となった。

※1：より正確に言えば、深度を変えることで死角も移動し、結
果として死角をカバーするというものである。
※2：対水上艦・対潜水艦の両方に使用でき長射程の魚雷を「長
魚雷」、（水上艦艇が自艦防衛用に装備する）対潜水艦用で短射程
の魚雷を「短魚雷」と言う。基本的に西側の水上艦艇は短魚雷し
か装備していない。

第4章

105

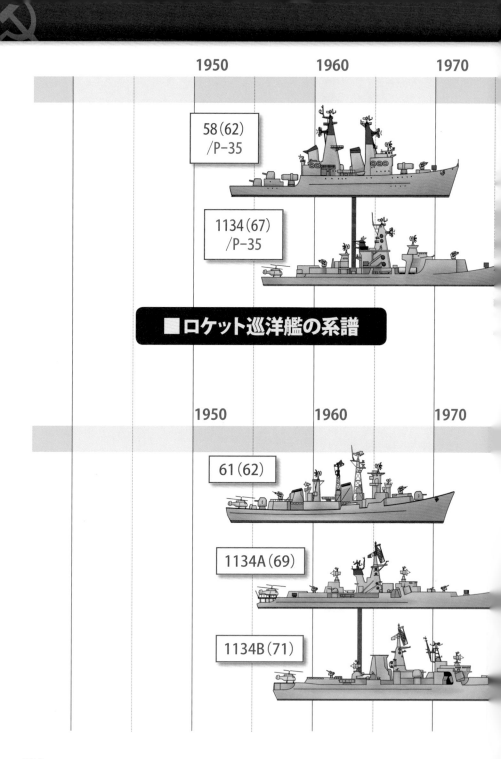

1950 1960 1970

58（62）
/P-35

1134（67）
/P-35

■ロケット巡洋艦の系譜

1950 1960 1970

61（62）

1134A（69）

1134B（71）

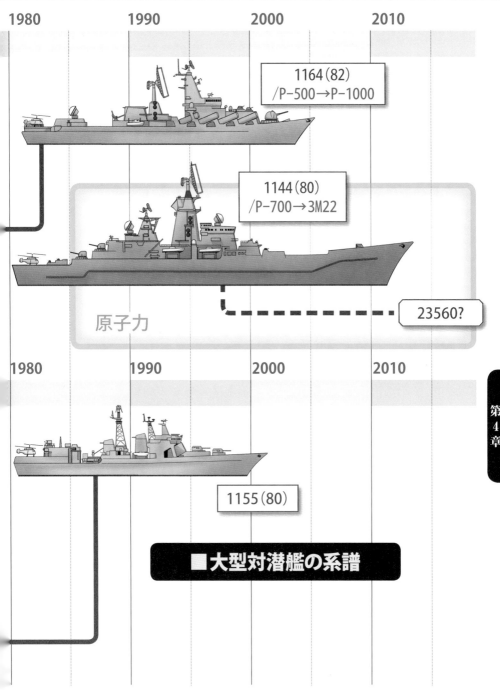

1980　1990　2000　2010

1164（82）
/P-500→P-1000

1144（80）
/P-700→3M22

23560?

原子力

1980　1990　2000　2010

1155（80）

■大型対潜艦の系譜

※（　）内は海軍が試験のため艦艇を受け取った年をあらわす。
　青字は搭載する有翼ロケット（巡航ミサイル）をあらわす。

## 4.3 艦隊水雷艇

### ■大型艦を狙う "水雷艇" の子孫

ソヴィエト／ロシアの「艦隊水雷艇」は、西側では「駆逐艦」として分類されることが多い。

近代海軍の歴史的に見たとき、駆逐艦とは本来 "水雷艇駆逐艦" のことである。魚雷が実用化されたとき、小型ボートでも魚雷を積んで肉薄すれば大型の戦艦を攻撃できるようになった[※1]。こうした小型艇は「水雷艇」と呼ばれた。

戦艦は水雷艇を撃退するため副砲を装備したが、やはり敵戦艦との砲戦に集中すべきであり、水雷艇に気を取られているわけにはいかない。そこで水雷艇を撃退するための艦艇——水雷艇駆逐艦が誕生した。やがて、小型すぎて航洋性に欠ける水雷艇は廃れ、代わり

に駆逐艦自身が魚雷を積んで大型艦を攻撃する役割を果たすようになる。その後、使い勝手のいい駆逐艦は対潜や対空などさまざまな任務を果たすことになるのだが、本来的な任務は魚雷による対艦戦にある。その意味で、ロシアの「艦隊水雷艇」（艦隊に随伴する水雷艇）という艦種名称は基本に忠実だと言える。対潜任務を「対潜艦」として切り分けたことも、こうした命名に繋がったのだろう。

### ■巨大な対艦ミサイル「ストレラ」と 56型／57型

第2次大戦後に最初に設計されたのが「41型」（NATO名称：タリン級）であり、戦中設計の艦隊水雷艇を更新すべく110隻の大量建造計画が立てられたが、1番艦の試験で失敗

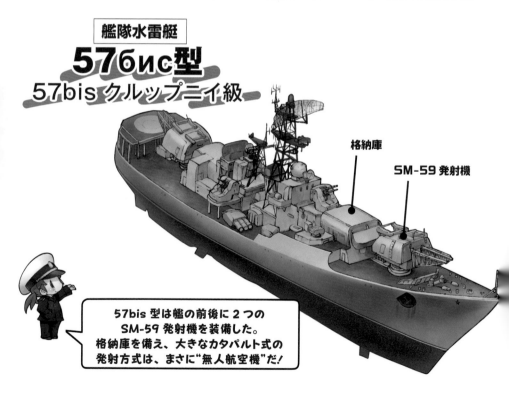

艦隊水雷艇
# 57бис型
## 57bis クルップニイ級

格納庫

SM-59 発射機

57bis 型は艦の前後に 2 つの
SM-59 発射機を装備した。
格納庫を備え、大きなカタパルト式の
発射方式は、まさに "無人航空機" だ！

作と見做され、量産はされなかった。

　その41型の欠点を改設計して建造された
のが「56型」（NATO名称：コトリン級）であ
った。56型は3つの造船所で計27隻建造され
た。うち1隻が、就役後に対空ミサイルM-1
の搭載試験用に改修された。これを「56K型」
と呼ぶ。試験結果が良好であったことから、
さらに8隻がM-1搭載型に改修され「56A型」
とされた。

　また、上記の27隻とは別にソヴィエト初の
対艦ミサイル「П-1［P-1］ストレラ（Стрела、
矢）」を搭載した「56ЭМ［56EM］型」が1隻
建造された。この運用実績をもとに、さらに
3隻が追加建造され、「56M型」とされた。艦
尾に設置されたP-1の発射機「СМ-59［SM-
59］」はカタパルト式であり、まさに"ミサイ
ルとは無人航空機"であることを体現したよ
うな形状だったが、再装填にクレーンが必要
であり、戦闘中には困難だった。そのため、
56EM型・56M型のうち2隻は、P-1を撤去

してP-15対艦ミサイル（後述）を装備する
「56У［56U］型」に改修された。

　つづいて、P-1「ストレラ」を当初から搭載
する艦隊水雷艇として「57型」が設計された
が、設計段階で航洋性に問題があることがわ
かり、設計を修正した「57бис［57bis］型」
（NATO名称：クルップニイ級）として建造さ
れた。57bis型は艦首と艦尾に1基ずつの
SM-59発射機を備え、予備を含めて合計12発
のP-1を搭載する。合計9隻が建造され、就役
後に8隻がP-1に替えて対潜・対空装備を強化
した「57A型」に改修された。

## ■冷戦末期を支えた主力艦956型

　57bis型の最終艦が1969年に就役したの
ち、1970年代のソヴィエト海軍は大型対潜
艦の整備に力を注いだため、新たな艦隊水雷
艇はまったく就役しなかったが、1980年の
末に久々の新型が登場した。これが「956型」
（通称：ソヴレメンヌイ級）である。本型は、

956型艦隊水雷艇。70年代の空白を経て久々に建造
された艦隊水雷艇で、1155型大型対潜艦と並び冷戦
末期の期待の新鋭艦だったが、蒸気タービン式である
ことが祟ったか、ロシア時代に入り多くが退役した。
クロンシュタットには記念艦として展示されている
（©Ministry of Defence of the Russian Federation）

1155型（ウダロイ級）大型対潜艦とともに、新時代の主力艦艇として冷戦末期のソヴィエト海軍を支えた。

主兵装は超音速対艦ミサイル「**П-270 [P-270] モスキート**（Москит、蚊）」である。これまでの水上艦に搭載された超音速対艦ミサイルが潜水艦用を水上艦用に転用したものであるのに対して、モスキートは当初から水上艦専用として開発された。設計を戦闘機設計で名高いミコヤン・グレヴィチ設計局のミサイル部門が独立したラドゥガ設計局が担当している点も注目したい（これまでの対艦ミサイルは第52試作設計局）。本型はP-270の4連装発射機「KT-190」を艦橋の左右に1基ずつ、計2基搭載する（1155型のKT-100発射機の配置に似ている）。また、対空兵装としては、地対空ミサイル「9K37ブーク」の艦載型「**M-22ウラガン**（Ураган、竜巻）」を搭載した。

主機は、この時期の同クラス艦艇としては珍しく、ガスタービンではなく蒸気タービンを採用した。これは当時の造船業界が、蒸気タービンの製造能力に余裕があったことによる。しかし、運用や整備に手間のかかる蒸気タービンが仇となったのか、ソヴィエト崩壊以降、956型は次々に退役している（同時期に建造されたガスタービン搭載艦1155型は、引き続き現役で活躍した）。

956型は17隻建造されたが、現役はわずか4隻である（このほか3隻が建造途中で解体されている）。これ以外に、中国海軍向けに4隻が輸出された。956型の計画愛称は「サルィチ（Сарыч、ノスリ）」である。

※1：砲は反動があり、搭載できる口径は艦の大小に比例したため、小型艦艇が大型艦と戦うことは難しかった。魚雷は小型艦艇に搭載可能ながら、かつ大型艦に大きなダメージを与えることができる。

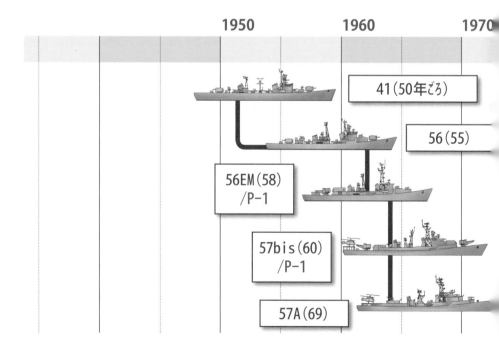

1950　　　　1960　　　　1970

41（50年ごろ）

56（55）

56EM（58）／P-1

57bis（60）／P-1

57A（69）

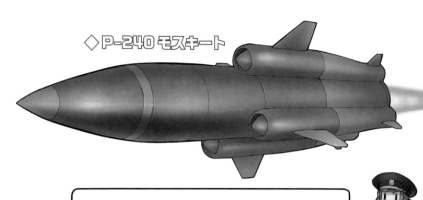

◇P-240 モスキート

P-270 モスキートは、純粋に水上艦艇用として
開発された対艦ミサイルだよ。設計は戦闘機でおなじみ、
ミコヤン・グレヴィッチ設計局のミサイル部門

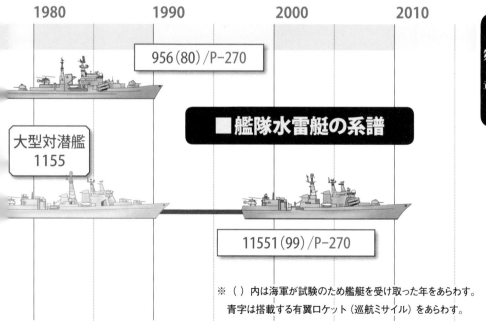

1980        1990        2000        2010

956（80）/P-270

■艦隊水雷艇の系譜

大型対潜艦
1155

11551（99）/P-270

※（ ）内は海軍が試験のため艦艇を受け取った年をあらわす。
　青字は搭載する有翼ロケット（巡航ミサイル）をあらわす。

## 4.4 警備艦／フリゲイト

### ■艦隊のワークホース

海軍にとって、使い勝手のよいワークホース的存在といえば、かつては駆逐艦であった。しかし、第2次大戦以降に駆逐艦の大型化・複雑化・高価格化が進み、そうした用途で使いづらくなってしまった。西側海軍では、フリゲイトが代わってその役割を果たすようになるが、ソヴィエトでフリゲイトに相当するのが警備艦である。

### ■冷戦中期を支えた1135型

冷戦前期には「42型」（NATO名称：コラ級）、「50型」（同：リガ級）、「159型」（同：ペチャ級）、「35型」（同：ミルカ級）、「1159型」（同：コニ級）が量産された[※1]。これらは1,000 t級の船体に対潜迫撃砲と魚雷を装備した簡素な艦艇で、対潜ヘリコプターも搭載していなかったが、ワークホースとして海軍を支えた。

つづいて1970年に登場した「1135型」（NATO名称：クリヴァクI級）は、従来の艦とは一線を画し、大型対潜艦の縮小版ともいうべき有力艦であった。これまでの警備艦がディーゼルとガスタービンの併用だったのに対して、本型の主機はオール・ガスタービンとなる。対潜兵装はURPK-4（基本的にURPK-3と同じもの。水平4連装発射機）を艦首に1基搭載している。のちに1134A/B型（クレスタI型／カーラ型）と同じく対艦攻撃も可能なURPK-5に換装された。また、艦尾には対潜ヘリコプターを備え、排水量は3,000 tを超えた。

本型は改良型も含めて海軍用に32隻、国境警備用に9隻が建造された。計画愛称は「ブリヴィエースニク（Буревестник、ミズナギドリ）」である。

対潜ミサイルシステム
URPK-4

警備艦
## 1135型
### クリヴァクⅠ級

## ■次世代艦への"中継ぎ"11356R型

1135型の後継となるべく90年代に入り開発されたのが「**11540型**」（通称：ネウストラシムイ級）だったが、海軍を満足させることができず2隻で打ち切られている。そこで新たに22350型（後述）の開発をスタートさせるのだが、さまざまな新機軸を盛り込んだために就役が大幅に遅れてしまった。

その穴を埋めるべく採用されたのが、1135型を改良した「**11356P[11356R]型**」（通称：アドミラル・グリゴロヴィチ級）である。これはもともとインドへの輸出用に開発された11356型を本国でも採用したものだが、改良型とは言えレーダー反射断面積を減らすため船体が大きく変更されたことで、まったく別モノのような外観となっている。

垂直発射型の汎用発射機3S14（8セル）を備え、「カリブル」、P-800「オニクス」、「ツィルコン」などの対艦／対地ミサイルを発射できる。対空兵装にはM-22「ウラガン」の垂直発射型が搭載されている。

インド海軍用の11356型は6隻、本国用の11356R型は3隻建造された。現在3隻が建造中だが、こちらは完成後にインドに輸出される予定である。

11356型警備艦（フリゲイト）。冷戦期の傑作1135型警備艦を改設計して華麗に再登場した。船体はレーダー反射断面積を減らす形状で、各種ロケットも垂直発射式となり、外観は一変した（©Ministry of Defence of the Russian Federation）

11661型警備艦（フリゲイト）。画像の2番艦「ダゲスタン」はカスピ海小艦隊の旗艦を務め、2015年には、シリアの反政府勢力に対して、カリブルによる長距離攻撃を実施した（©Ministry of Defence of the Russian Federation）

## ■小型警備艦の"代替"11660/11661型

1,000～2,000 t級警備艦の代替としては、「11660型」と「11661型」（NATO名称：ゲパルト級）が、ソヴィエト末期にそれぞれ1隻と3隻起工されたが、のちに建造中止となり、11661型の2隻のみが21世紀に入り完成した。この2隻は、いまもカスピ海小艦隊で稼働している。またのちに4隻が追加建造され、ベトナムに輸出された。

## ■ロシア海軍としての新世代艦22350型

21世紀に入り、新たに2種の艦艇が建造された。ひとつが「22350型」（通称：アドミラル・ゴルシコフ級）である。ロシア海軍は大型対潜艦と警備艦を統合して「フリゲイト（Фрегат）」に分類（コラム参照）したが、22350型は建造時からフリゲイトに分類された最初の艦となった。

本型はレーダー反射断面積の最小化を意識した船体に、垂直発射式の3S14汎用発射機（16セル）と対空ミサイルシステム9K96「リドゥート」（32セル）を搭載する。3S14から発射される「カリブル」は、対艦・対地・対潜の各型があり、幅広い任務に対応している。また、話題の極超音速対艦ミサイル「ツィルコン」の発射試験も本型の3S14発射機から行われている。

本型の1番艦に、海軍でもっとも偉大な提督の名を冠し「アドミラル・ゴルシコフ」[※2]の名がつけられたことは、本型に対する海軍の期待の高さを示していると言えよう。発表当時には、このような小型艦にゴルシコフ提督の名を冠することに反発する声も多かった（筆者も同様に感じた）。本型は、本書執筆時点で2隻が就役し、6隻が建造中で、さらに2隻が契約済みである。

伝統の三角マストにフェイズド・アレイ・レーダーを搭載したよ

3S14 汎用発射機

対空ミサイルシステム
9K96「リドゥート」

フリゲイト
22350型
アドミラル・ゴルシコフ級

## ■小型ながら高い汎用性を持った 20380／20385型

　もうひとつの新世代艦が「**20380型**」（通称：ステレグーシチィ級）である。こちらも21世紀の艦艇らしく、レーダー反射断面積の最小化を狙った船体だが、排水量は前述の22350型の半分以下の2,000 t台と小型であり、フリゲイトより下の新艦種「コルヴェット（Корвет）」に分類されている。

　主兵装は艦橋前方の垂直発射機で、20380型では非力な小型対艦ミサイル3M24（8発搭載）だったが、改良型「**20385型**」では22350型同様に汎用発射機3S14（8セル）となった。対空兵装も22350同様に「リドゥート」を搭載しており、「ミニ22350型」といっ

た感じだ。

　本書執筆時点で、20380型が6隻就役、4隻建造中、さらに8隻が契約済みで、20385型が1隻就役、3隻建造中である。

　なお、本書ではページ数の都合で小型対潜艦については割愛するが、12タイプ650隻以上のこれらの艦が、合衆国海軍の潜水艦から「聖域」を守り続けていたことは忘れてはならない。

※1：42型は8隻、50型は68隻、159型は56隻、35型は18隻、1159型は14隻が建造されている。
※2：正確には「ソヴィエト連邦艦隊提督ゴルシコフ（Адмирал Флота Советского Союза Горшков）」

**コルヴェット**
# 20380型
## ステレグーシチィ級

第4章

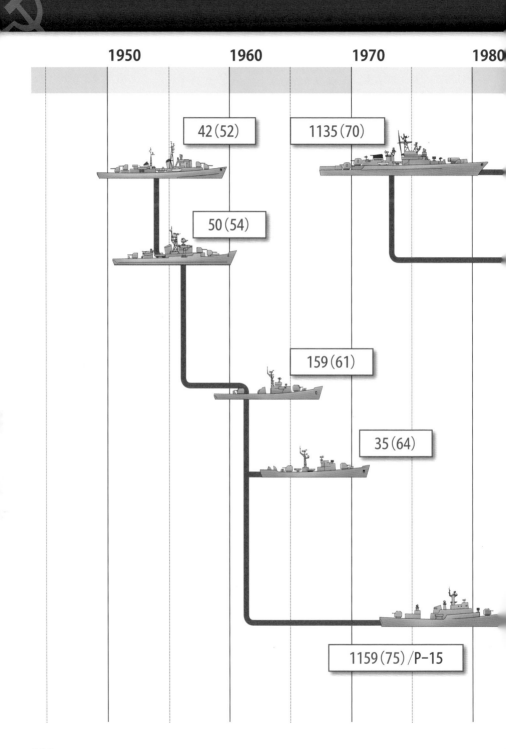

1950　　　　1960　　　　1970　　　　1980

42（52）

1135（70）

50（54）

159（61）

35（64）

1159（75）/P-15

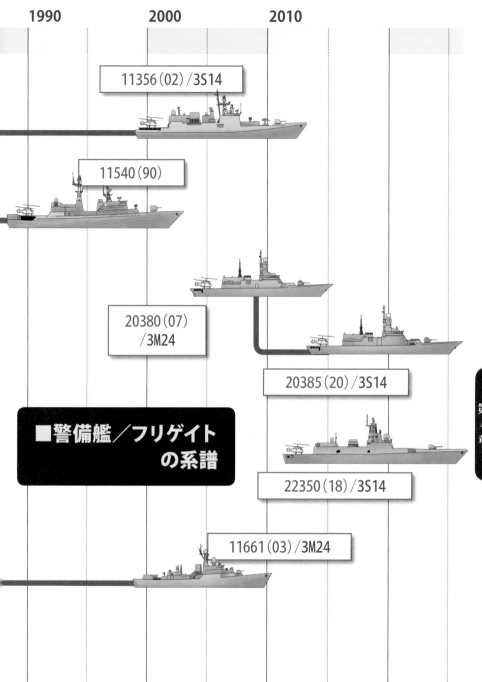

1990　2000　2010

11356（02）/3S14

11540（90）

20380（07）
/3M24

20385（20）/3S14

■警備艦／フリゲイト
の系譜

22350（18）/3S14

11661（03）/3M24

※（ ）内は海軍が試験のため艦艇を受け取った年をあらわす。
　青字は搭載する有翼ロケット（巡航ミサイル）をあらわす。

## 4.5 小型ロケット艦とロケット艇

### ■小型ながら強力な対艦ミサイルで武装

　若い方には意外に思えるかもしれないが、1970年代後半に至るまでアメリカ海軍は艦対艦ミサイルを持たなかった。ミサイルによる対艦攻撃を想定していなかったのである（水上艦艇は主に対潜・対空を重視し、対艦兵装は第2次大戦同様に艦砲を備えていた）。しかし1967年、イスラエル海軍の駆逐艦エイラートがエジプト海軍のソヴィエト製ロケット艇（ミサイル艇）に撃沈された事件が大きな転機となる。排水量わずか80tの小さなミサイル艇から発射されたソヴィエト製の対艦ミサイルが挙げた大戦果に、世界中が注目した。アメリカ海軍は翌年より対艦ミサイル「RGM-84 ハープーン」の開発を始め、1977年に最初の艦に搭載する※1。以降、ハープーンはアメリカ水上戦闘艦艇の標準装備となる。あわせて、敵の対艦ミサイルから自艦を防衛する近接防御システムCIWSも、これを契機に艦艇に搭載されている。

　ソヴィエトは、1960年代に登場した58型（キンダ級）ロケット巡洋艦に見られるように、早くから対艦ミサイルを艦艇に搭載している。また、対艦ミサイルを搭載する小型のミサイル艇も重視してきた。ミサイル艇は“ミサイル時代の水雷艇”と言える。水雷艇が航洋性の無さから廃れていったことはすでに述べたが、沿岸で運用するには使い勝手や経済性の面で優れていた。そして、ソヴィエトは世界屈指の長い海岸線を持つ国だったのである。

　ソヴィエトでは、こうした用途に排水量1,000t近い「小型ロケット艦」と、排水量500t未満の「ロケット艇」を運用している。それぞれ見ていこう。

### ■ロケット艇

　最初のロケット艇は「**183P[183R]型**」

（NATO名称：コマール級）で、これは183型魚雷艇の兵装を魚雷から対艦ミサイル「**П-15[P-15]テルミート**（Термит、シロアリ）」に代えたものである。世界初のミサイル艇でもある。

　P-15は、これまで見てきた大型の超音速対艦ミサイルに比べると貧弱に見えるかもしれないが、小型で扱いやすく、さまざまな艦艇に搭載できることから汎用性が高く、世界中に輸出されている。イラン・イラク戦争（1980～1988年）では両国とも運用して互いに撃ちあった。中国でもライセンス生産されている。183R型は112隻建造され、77隻が輸出された。エイラートを撃沈したのも、輸出された183R型である。183R型の計画愛称は「コマール（Комар、蚊）」である。

　コマール（蚊）とテルミート（シロアリ）は、大国の大艦隊からすれば取るに足らない“虫”のような存在かもしれないが、死の疫病を媒介する蚊や、家を食い尽くすシロアリのように大きなダメージを被る可能性がある、恐ろしい“虫”なのである。

　続いて、テルミート搭載を前提に専用設計された最初のロケット艇が「**205型**」（NATO名称：オサ級）である。本型は279隻も建造され、やはり多くが輸出されている。205型の計画愛称は「モスキート（Москит、蚊）」である。

　また、183R型と同様に、206M型魚雷艇の武装をテルミートに換装した「**206MP[206MR]型**」も12隻建造された。

### ■大型ロケット艇

　上記のロケット艇より大型の、500t近い排水量を持つのが「**1241型**」（NATO名称：タランタル級）である。計画愛称は「モルニヤ（Молния、稲妻）」。本型は「大型ロケット艇（Большой Ракетный Катер）」に分類される。

　1241型は搭載する兵装や電子装備、主機

# ■小型ロケット艦の系譜

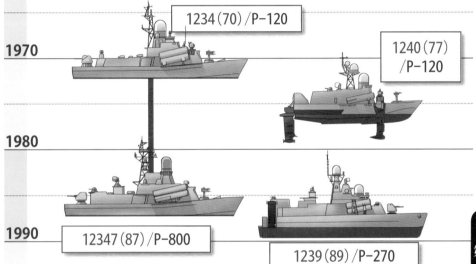

1960

1970 — 1234（70）/P-120

1240（77）/P-120

1980

1990 — 12347（87）/P-800

1239（89）/P-270

2000

2010 — 21631（13）/3S14

22800（18）/3S14

2020

第4章

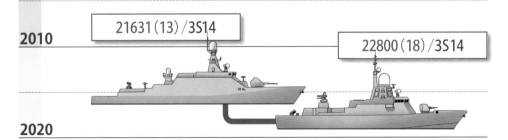

※（　）内は海軍が試験のため艦艇を受け取った年をあらわす。

青字は搭載する有翼ロケット（巡航ミサイル）をあらわす。

119

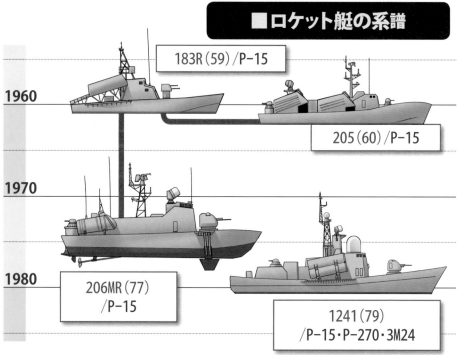

## ■ロケット艇の系譜

1960

183R（59）/P-15

205（60）/P-15

1970

1980

206MR（77）
/P-15

1241（79）
/P-15・P-270・3M24

©Ministry of Defence of the Russian Federation

※（ ）内は海軍が試験のため艦艇を受け取った年をあらわす。
青字は搭載する有翼ロケット（巡航ミサイル）をあらわす。

120

などの違いからいくつかのサブタイプに分けられる。

・P-15M（P-15射程延伸型）を搭載した「**1241型**」（1隻建造）、「**12411T型**」（12隻建造）、「**12417型**」（1隻建造）
・P-270「モスキート」を搭載した「**12411型**」（33隻建造）、「**12421型**」（1隻建造）
・P-20（P-15輸出型）を搭載した「**1241РЭ[1241RE]型**」（25隻建造、輸出用）
・3M24を搭載した「**12418型**」（4隻建造、7隻建造中）

### ■小型ロケット艦──ソヴィエト連邦時代

　小型ロケット艦の始まりは「1234型」（NATO名称：ナヌチュカ級）である。本型は、小型の巡航ミサイル潜水艦670M型（チャーリーII級）に搭載された対艦ミサイルP-120「マラヒート」を6発搭載する。基本型の1234

型が17隻、改良型の「**12341型**」が19隻建造された。また、1隻のみ建造された「**12347型**」はP-120に代わりP-800「オニクス」を12発搭載する。さらに輸出用の「**12343Э[1234E]型**」はP-20を搭載した。

　2008年、グルジア戦争中に発生したアブハジア沖海戦で、12341型の1隻がグルジア海軍の哨戒艇と交戦した。P-120で1隻を撃沈したあと、なんと4K33対空ミサイルで1隻を撃破した。著者はこれ以来、「○○という兵器は××のために開発されたから、△△のような使い方はしない」といった固定観念を持たないようにしている。1234型の計画愛称は「オヴァド（Овод、虻）」である。

　ソヴィエト時代は、1234型がほぼ唯一の小型ロケット艦であったが、"変わり種"とも言える艦が2つ存在する。1つが、試験的に1隻のみ建造された水中翼式の「**1240型**」で、P-120を4発搭載した。計画愛称は「ウラ

1234型小型ロケット艦
(©Ministry of Defence of the Russian Federation)

21631型小型ロケット艦。2015年には、本型の3隻が、シリアの反政府勢力に対して、カリブルによる長距離攻撃を実施した。この小型艦からそれを行ったのは画期的で、ロシアがカリブルの輸出に積極的なことを考えればその意味は大きい（©Ministry of Defence of the Russian Federation）

ガン（Ураган、竜巻）」である。

　もう1つはエアクッション式の「**1239型**」（NATO名称：ダーガチ級）で、2隻建造された。計画愛称は「シヴーチ（Сивуч、海驢）」である。

### ■小型ロケット艦——ロシア連邦時代

　21世紀に入ると、まったく新しいタイプの小型ロケット艦が建造された。その理由は、これまでもたびたび紹介している汎用発射機「3S14」の登場にある。3S14の"汎用"たるゆえんは、大型艦だけでなく1,000 t未満の小型艦にも搭載できることにある。つまり大型艦と同じ武装を運用できるということだ。

　「**21631型**」（通称：ブヤンM級）は、2000年代に搭乗した小型砲艦「**21630型**」（通称：ブヤン級）に3S14発射機を搭載し、ロケット艦としたものだ。2015年10月7日、カスピ海小艦隊配属の3隻の21631型（および11661型警備艦1隻）から、合計26発のカリブルが1,500 km先のシリアに向けて発射され、過激派組織「イスラム国」を攻撃した。これだけ長距離の巡航ミサイル攻撃は、これまでトマ

ホークしか前例が無かった。しかもトマホークが10,000 t近い大型艦や原子力潜水艦にしか搭載されないのに対して、1,000 t未満の艦艇から実施されたことは画期的と言えた。本型は本書執筆時点で8隻が就役しており、4隻が建造中である。計画愛称である「ブヤン（Буян）」とは「暴れん坊」の意味である。

　同じく3S14を搭載し、航洋性を考慮して作られたのが「**22800型**」（通称：カラクルト級）である[2]。本書の執筆時点で3隻が就役し、13隻が建造中、2隻が契約済みとなっている。また、輸出を強く意識しており、2017年の提示価格は20億ルーブル（当時のレートで40億円）。この価格で巡航ミサイルによる遠隔地攻撃能力が手に入ると思うと、実に"お手頃"だと言えよう。「カラクルト（Каракурт）」とは、蜘蛛の一種である。

※1：1965年に、アメリカ海軍は浮上した潜水艦を攻撃するミサイルの研究を始めた。その後、1967年のエイラート撃沈を受けて、1968年から正式に対艦ミサイルの開発が開始された。1971年には主契約者（マクダネル・ダグラス）が選定され本格的な開発が進められ、1977年に運用が開始された。これがハープーン対艦ミサイルである。
※2：21630/21631型はカスピ海での運用を前提としており、航洋性は乏しい。このため22800型は21630/21631型より喫水が深い。

## 4.6 対潜巡洋艦と航空巡洋艦

### ■我が国の「はるな／しらね」型に似た1123型

　水上戦闘艦艇と並び、ソヴィエト海軍において重要な役割を担っていたのが航空機を搭載する艦艇たちである。

　ソヴィエト海軍が高い対潜能力を備えていたことはすでに述べた。対潜兵器にもいろいろあるが、なかでも最強と言えるのが航空機である。これは第2次世界大戦でアメリカ海軍がUボート対策の切り札として護衛空母を投入したときから変わっていない。冷戦期、そして現代において航空機——対潜ヘリコプターは、潜水艦にとってもっとも恐るべき敵なのである。

　その対潜ヘリコプターを集中的に運用するため建造された最初の艦が「1123型」（通称：モスクワ級）で、艦種は「対潜巡洋艦（Проти володочный Крейсер）」とされた。本型は艦の前半分に巡洋艦としての兵装（対空ミサイルや対潜ミサイル）を配置し、後ろ半分にヘリコプター甲板を設けた。これは海上自衛隊の「はるな／しらね型」と同じ配置であり、同じ発想に基づくものと言える。しかし、「はるな／しらね型」の運用機数が3機であるのに対して、1134型は14機も運用可能だった。内わけは12機が対潜ヘリコプター「Ka-25PL」で、2機が救難ヘリコプター「Ka-25PS」である（対艦ミサイルの中間誘導用ヘリコプター「Ka-25Ts」を積むこともある）。これほど多くのヘリコプターを運用できたのは、船体の大きさに加え、飛行甲板下に格納庫を配置したからである（「はるな／しらね型」は艦橋構造物に格納庫を配置した）。格納庫には12機を収納できた。

　前甲板にはM-11対空ミサイル発射機が2基、「РПК-1 [RPK-1] ヴィフリ（Вихрь、旋風）」対潜ミサイルの発射機が1基、配置され

た。1123型は2隻建造された。計画愛称は「コンドル（Кондор、コンドル）」である。

### ■本格的空母へのステップ——1143型

　日本では「はるな／しらね型」の後継として、ヘリコプター運用の効率性を考えて全通飛行甲板型の「ひゅうが型」／「いずも型」が建造されたが、ソヴィエトでも1123型の後継艦は"より航空母艦らしい"艦型となった。それが「1143型」（通称：キエフ級）であり、艦種は「重航空巡洋艦（Тяжёлый Авианесущий Крейсер）」となった。

　"航空母艦らしい"と言ったが全通飛行甲板ではなく、船体後部から艦橋構造物左側に飛行甲板が通されたアングルド・デッキ式となっている。アメリカ海軍の空母もアングルド・デッキを採用しているが、こちらが着艦時の運用を考慮して採用[※1]したのと違い、1143型では艦橋構造物を避けて広い面積を確保することが目的である。そもそも1143型で運用されるのはヘリコプターと垂直離陸機であり、"滑走"路を必要としない。標準配置は、「Як-38 [Yak-38]」垂直離着陸戦闘機16機とKa-25ヘリコプター（対潜、救難、ミサイル誘導など各種）18機である。

　Yak-38はソヴィエト海軍初の艦上戦闘機だが、レーダーを搭載していないために赤外線誘導式の空対空ミサイルしか搭載できず本格的な戦闘機とは言い難い。しかし、本格的でなくとも戦闘機の運用を始めたことは、単なる"対潜艦"から脱却し、海軍の悲願であった固定翼機運用への第一歩を踏み出したもの、と言えるだろう。

　前甲板には、やはり巡洋艦としての兵装が配置された。1123型と同じくM-11対空ミサイルやRPK-1対潜ミサイルに加え、超音速対艦巡航ミサイルP-500「バザーリト」用の巨大な連装発射機「CM-240 [SM-240]」を4基も備える。その重厚な武装は、まさに"巡洋艦"

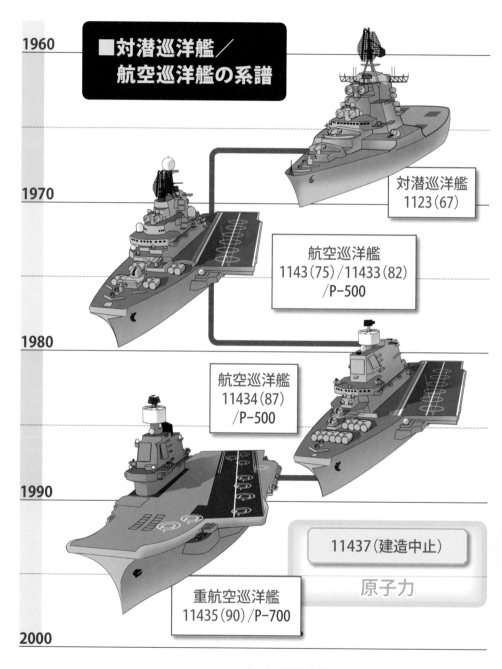

■対潜巡洋艦／
　航空巡洋艦の系譜

1960

1970

対潜巡洋艦
1123（67）

航空巡洋艦
1143（75）／11433（82）
／P-500

1980

航空巡洋艦
11434（87）
／P-500

1990

11437（建造中止）

原子力

重航空巡洋艦
11435（90）／P-700

2000

※（　）内は海軍が試験のため艦艇を受け取った年をあらわす。
　青字は搭載する有翼ロケット（巡航ミサイル）をあらわす。

そのものである。

1番艦が「キエフ」、2番艦が「ミンスク」（11432型）で、続く3番艦「ノヴォロシスク」（11433型）からは新型ヘリコプター「Ka-27」が搭載された。また、4番艦「バクー」（11434型）から対艦ミサイルがP-1000「ヴルカン」搭載の「CM-241 [SM-241]」連装発射機6基となり、より重武装となったうえ、艦橋に巨大な「マルス・パッサート（Марс-Пассат※2）」フェイズド・アレイ・レーダーが埋め込まれたことが、外観上の大きな特徴となっている。

「バクー」はロシア時代に入り「アドミラル・ゴルシコフ※3」と改名されたが、21世紀に入ると全通飛行甲板への大改造工事を受けたのち、インドへ売却された（インド海軍では「ヴィクラマーディティヤ」と呼ばれている）。1143型の計画愛称は「クレチェート（Кречет、白隼）」である。

■**全通飛行甲板を備えた**
**ソヴィエト海軍初の本格的航空母艦**

その1143型の5番艦が「**11435型**」──

「アドミラル・クズネツォフ※4」である。遂に全通飛行甲板型となった。対艦ミサイルは船体埋め込み式となり、対潜ロケットや、長射程対空ミサイルは廃止された（なお、自艦防衛用の近距離対空ミサイルは192発搭載している）。そして、艦載機には固定翼艦上戦闘機「Су-33 [Su-33]」を搭載し、本格的な航空機運用艦となった。ただし、アメリカ空母のようなカタパルトは搭載せず、艦首に傾斜部を備えた「トゥランプリン（Трамплин、飛躍台）」（西側ではスキージャンプと呼ぶ）で発艦する。

艦首傾斜部のすぐ後ろ、飛行甲板下には対空母艦用ミサイルの"決定版"P-700「グラニート」を搭載した垂直発射機「CM-233A [SM-233A]」を12機配置している。これは蓋を開けると航空機の発艦ができなくなるうえ、発射機のぶんだけ格納庫が狭くなり、航空機運用の面では"邪魔者"以外のなにものでもない。しかし、この兵装こそが本艦をして「航空母艦」ではなく「航空"巡洋艦"」と言わしめるゆえんとなっている。

なお、P-700搭載艦は949A型潜水艦（オス

11435型重航空巡洋艦「アドミラル・クズネツォフ」──正確な艦名は「ソヴィエト連邦艦隊提督クズネツォフ（Адмирал Флота Советского Союза Кузнецов）」である（©Ministry of Defence of the Russian Federation）

カーⅡ級）も、1144型巡洋艦も、どちらも極超音速対艦ミサイル「ツィルコン」への装備変更が進められているが、本艦は更新されていない。おそらく、発射機そのものを廃止するか、このままにするか、どちらかだろうと著者は見ている。

　いずれにせよ、現在のロシア海軍にとって唯一の本格的航空機運用艦であり、その存在感を示すため極めて重要な立場にある。シリア内戦（2011年〜）では東地中海に展開し、過激派組織「イスラム国」に対する空爆を実施して、その価値を内外に示している。

### ■未完成艦と計画艦

　同6番艦「11436型」は、建造途中にソヴィエト連邦が崩壊したため、ウクライナの資産となり、完成後に中国へ売却された。これがのちに中国初の航空母艦「遼寧」となる。11436型は11435型とほぼ同型だが、中国への売却時には当然ながらP-700は撤去されている。

　7番艦「11437型」は艦首にトゥランプリンを備えるが、アングルド・デッキにはカタパルトを搭載した。機関は原子力蒸気タービン式となり、排水量も80,000 t近い本格的な大型航空母艦（それでもP-700を16基搭載する予定だった）として計画されたが、ソヴィエト崩壊にともない建造中止となった。この時点で船体部分はかなり出来上がっていた（のちに解体）だけに、実に惜しいことだ。

　21世紀に入り、「アドミラル・クズネツォフ」の後継艦が計画されている。そのコンセプトモデルとして、アメリカ並みの大型艦から小型のものまでさまざまに公表されているが、なかでも最大の「23000型」は100,000 t近い巨体に、最新鋭のステルス戦闘機「Cy-57［Su-57］」の艦載型を搭載するなど野心的であるが、それだけに現在のロシア連邦の財政的には建造は厳しいのではないかと思われる。

※1：アメリカ空母などのアングルド・デッキは着艦に用いられる。発艦と着艦を一直線の飛行甲板で行うと、着艦機が事故を起こした場合に甲板上で待機するほかの機に影響をおよぼす場合がある。アングルド・デッキにすることで事故の影響を事故機に局限することができる。
※2：「Мррс」はロシア海軍用語で「檣楼」、「Пассат」は「貿易風」の意味。
※3：正確には「ソヴィエト連邦艦隊提督ゴルシコフ（Адмирал Флота Советского Союза Горшков）」。
※4：正確には「ソヴィエト連邦艦隊提督クズネツォフ（Адмирал Флота Советского Союза Кузнецов）」。

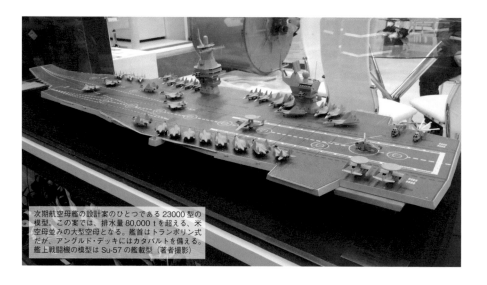

次期航空母艦の設計案のひとつである23000型の模型。この案では、排水量80,000 tを超える、米空母並みの大型空母となる。艦首はトランポリン式だが、アングルド・デッキにはカタパルトを備える。艦上戦闘機の模型は Su-57 の艦載型（著者撮影）

# ロシア連邦の "超" 兵器

## 極超音速滑空体「アヴァンガルト」

### ■弾道弾、唯一の欠点

　弾道弾は人類最強の超兵器と呼ぶべきものだが、唯一と言ってもいい欠点がある。"軌道が単純な楕円軌道"であることだ。このため軌道が解析されると"ある時間に、ある地点に"弾道弾が通過することが算出でき、その予測時間・地点に迎撃ミサイルを向かわせる、いわゆる「待ち合わせ」の迎撃が可能となる（ただし極めて高度な技術を要求されるが）。現在の弾道ミサイル防衛は、この仕組みに基づいている。

　そこで、一層迎撃を困難とするために、ターミナル・フェイズで積極的に機動を行って軌道を変える「機動式弾頭（機動式再突入体）」が開発された。アメリカではパーシングII、ソヴィエト連邦ではR-36M2に搭載されている。

### ■大気との境界を滑空

　これをさらに進めて、再突入の際に大気との境界を滑空して弾道弾とはまったく別モノの軌道を描く兵器として開発されたのが「極超音速滑空体」である。弾頭（再突入体）は、「ウェイヴライダー」と呼ばれる、三角形の寸胴な航空機のような形状──機体下面に生ずる衝撃波を利用して揚力を得る形状──をしている。ソヴィエトでは冷戦末期に「**アリバトゥロス**（Альбатрос、アホウドリ）」という名前で開発が行われていて、再突入後に1,000kmの水平距離を滑空するものだった。

　21世紀に入り、これを復活させたものが「**アヴァンガルト**（Авангард、前衛）」である。こちらは数千kmを滑空すると言われているので、弾道弾とまったく別モノの兵器と言っていいだろう。アヴァンガルトは2019年に実戦配備が開始され、UR-100N UTTKh大陸

極超音速滑空体
## アヴァンガルト
(想像図)

間弾道弾に搭載されている。

　本書執筆中の2020年末に、その映像が公開された。肝心の滑空体はフェアリングで覆われて見えないが、ロケットの外見はUR-100N UTTKhを人工衛星打ち上げ用に転用した「ストレラ（Стрела、矢）」と、フェアリング部分を含めてそっくりな姿をしている。将来的には、現在開発中の重大陸間弾道弾RS-28サルマートにも搭載される予定である。

　極超音速滑空体は、滑空したぶんだけ速度が落ちていくので、軌道変更のメリットと速度低下のデメリットを両天秤にかけて運用しなければならない。したがって単純な軌道だが超高速である通常の弾道弾と併用することは、運用の幅を持たせるという意味で大きな意義がある。

## 原子力魚雷「ポセイドン」

### ■現代技術で蘇った核魚雷計画

　最初の原子力潜水艦627型（ノヴェンバー級）が、もともと巨大核魚雷「T-15」を運用するために設計されたことは第3章で解説した。T-15は、敵本国の港湾のわずか40kmまで接近して攻撃を加えることが、あまりに非現実的であるということで却下されたが、"ある発想"によって同様の兵器が21世紀に華麗に復活した。それが「2M39ポセイドン（Посейдон、ギリシャ神話の海神）」である。

　「40kmという射程が短すぎるのであれば、射程を長くすればいい。しかし通常の魚雷では限界があるから原子力推進にしてしまえ！」という大胆な発想である。これを可能とした技術が、小型原子炉であり、長距離の完全自律を達成した自己誘導／航法技術であることを考えれば、21世紀だからこその兵器と言える。これは魚雷というより水中無人機（UUV）であり、軍もそのように宣伝している。

### ■推定全長20mの巨体

　公開された工場内の映像から推測される寸法は、直径2m程度、全長20m程度で、比重は海水とほぼ同じでなければならないことから、重量は100トン弱だと思われる。ロシアの報道によると、速度200km/h（100ノット）以上、潜航深度1,000mというから、潜水艦で追撃するのは難しい。そして原子力推進なので航続距離は極めて長く、地球の裏側でも攻撃できる。弾頭は核弾頭だが、この巨体に積むことを考えると10〜100メガトンの威力があると推定されており、標的の港湾を含む沿岸都市を壊滅させるほか、津波も起こせると考えられている。また、宣伝映像によると、港湾だけでなく空母も標的とするようである。

　ポセイドンの母艦として、949A型原子力潜水艦（オスカーⅡ級）の最終艦を改造した「09852型」潜水艦が建造され、本書執筆時点で試験中である。2021年には就役する見込みである。

# 終章

■設計局と工場 ················································· **130**

●掲載兵器スペック一覧 ········································· **143**

●ロシア連邦軍編制一覧（2021年2月）···················· **152**

# 設計局と工場

## ソヴィエト連邦における産業の仕組み

### ■"社会主義"的な産業構造

西側諸国では、軍需産業といえども民間企業であり、軍はそれらの企業に仕様を提示して設計と製造をまとめて依頼する。たとえば戦闘機の場合、各メーカーが仕様に沿った概念設計案を提出する。軍はそのなかから2社ほどを選定し、試作機の製造契約を結ぶのである。この方式は資本主義の原理に則ったものでありながら、ひとつ難点がある。それは最終的に勝ち残った1社を除いて、他社は仕事を得られないことである。もちろん、設計にも試作機製造にも代金は支払われるものの、やはりメーカーは生産機を製造してナンボである。

いっぽうソヴィエト連邦では、設計から試作機の製造までを担当する試作設計局（Опытно-Конструкторское Бюро、ОКБ）と、製造を担当する工場（завод）を分けていた。政府の提示した仕様に基づいて、試作設計局が設計と試作機の製造を行い、その試作結果から政府が採用を決定し、工場に生産を命ずる。試作機が採用されなくとも、試作設計局の仕事は試作機を作った段階で完結しており、工場も政府が生産を割り当てるので仕事にあぶれることはない。"これぞ社会主義"と言える仕組みである。

### ■番号で呼ばれた設計局と工場

兵器の設計を行う設計局には、試作設計局以外に中央設計局（Центральное Конструкторское Бюро、ЦКБ）や特別設計局（Специальное Конструкторское Бюро、СКБ）、専門設計局（Специализированное Конструк

торское Бюро、СКБ）などがある。

これらの設計局は番号を割り振られ、たとえば「第155試作設計局（ОКБ-155）」のように呼ばれた。のちに、個別の名前が与えられるようになり、第155試作設計局は「ミコヤン・グレヴィチ設計局」となった。

工場も「第189工場（Завод № 189）」のように番号で呼ばれていたが、やはり個別の名前がつくようになる。第189工場は「バルティスキイ・ザヴォート」である。なお、番号制はソヴィエト政府の方針であるため、帝政時代からの古い歴史を持つ工場にとっては「元の名前に戻った」という側面もある。

では、本書で紹介した大陸間弾道弾、潜水艦発射弾道弾、弾道弾搭載型潜水艦、各種潜水艦、水上戦闘艦艇、そして各種艦載ミサイルについて、それぞれの設計局と工場（造船所）を見ていこう。

# 大陸間弾道弾／潜水艦発射式弾道弾の設計局と工場

## ■モスクワの大陸間弾道弾設計局

弾道弾の場合、設計局と工場は"一対一"の密接な関係を持っている。モスクワとその近郊には3つの設計局が集まっている。順番に紹介していこう。

## ❶第1試作設計局

### Опытно-Конструкторское Бюро 1、ОКБ-1／エネルギヤ

R-7およびR-9を開発した。のちに「С. П. コロリョフ名称ロケット宇宙会社『エネルギヤ』（Ракетно-космическая корпорация «Энергия» имени С. П. Королёва）」と改称し、現在でも世界の宇宙開発をリードしている。エネルギヤ本社がある街（モスクワ北東）は、その名も「コロリョフ」と言い、偉大な「ロケットの父」を今なお称えている。製造はヴォルガ河のほとり、サマラにある第1航空工場（現：ロケット宇宙センター『プログレス』、Ракетно-космический центр «Прогресс»）［地図①］が担当した。

## ❷第1中央設計局

### Центральное Конструкторское Бюро 1、ЦКБ-1／モスクワ熱技術研究所

RT-2系統の固体燃料式大陸間弾道弾を開発。のちに「モスクワ熱技術研究所（Московский институт теплотехники）」という名称となり、現在では、固体燃料式の大陸間弾道弾と潜水艦発射式弾道弾を一手に引き受ける最も重要な設計局となっている。RT-2ならびにRT-2Pは、カマ河畔のペルミにある第172工場（現：モトビリハ工場、Мотовилихинские заводы）［地図⑧］で製造された。同工場は、弾道弾についてはこの2種のみしか製造していないが、自走砲や多連装ロケット砲

の多くを製造しており、本書下巻で解説したい。また、RT-2PM系統の移動発射式大陸間弾道弾は、ヴォトキンスクにある第235工場（現：ヴォトキンスク工場、Воткинский завод）［地図②］が製造を担っている。ヴォトキンスク工場は、現在ロシア連邦唯一の固体燃料式大陸間弾道弾の工場であるが、本書下巻で扱う戦術ロケットの製造も一手に引き受けている。

## ❸第52試作設計局

### Опытно-Конструкторское Бюро 52、ОКБ-52／機械科学生産合同

UR-100系統の汎用大陸間弾道弾を開発。モスクワの東に隣接するレウトフにある。のちに「機械科学生産合同（Научно-производственное объединение машиностроения）」という名称になっている。弾道弾以外では、第3章と第4章で扱う大型の対艦有翼ロケットの分野でほぼ独占状態にある。生産はモスクワの第23工場（現：М. В. フルニチェフ名称国立宇宙研究生産センター、Государственный космический научно-производственный центр имени М. В. Хруничева）［地図③］が担当した。

## ■モスクワ以外の大陸間弾道弾設計局
## ❹第586試作設計局

### Опытно-Конструкторское Бюро 586、ОКБ-586／ユージュノィエ

R-16／R-36系統の重大陸間弾道弾や、MR UR-100系統の汎用大陸間弾道弾、そしてRT-23系統の鉄道発射大陸間弾道弾を開発した、弾道弾開発の雄。ドゥニエプル河畔のドゥニエプロペトロフスク（現ドゥニプロ）にある。のちに「ユージュノィエ設計局（Конструктор

ское бюро «Южное»)」と改称した。製造
は、その隣（同じ敷地内）にある第586工場
（現：ユージュマッシュ、Южмаш）［地図④］
で製造されてきたが、前述のとおり所在地の
ウクライナが別の国となってしまったため、
製造は途絶えた。現在、後継のRS-28を開発
している「マケエフ名称国立ロケットセンタ
ー（旧：第385特別設計局、СКБ-385）」と、
その製造工場である「クラスノヤルスク機械
製造工場（旧：第4工場）」については、潜水艦
発射式弾道弾の設計局で詳しく説明する。余
談ながら、「ユージュ（юж）」は「南」という意
味で、直訳するとユージュノィエは「南方設
計局」、ユージュマッシュは「南方工場」とな
る。

## ❺第7試作設計局

**Опытно-Конструкторское Бюро 7、ОКБ
-7／アルセナル**

　ＲＴ-2の改良型RT-2Pと、ソヴィエト連邦
初の潜水艦発射式弾道弾R-31（第2章）を開発
した。それ以降は弾道弾開発を行っておらず、
宇宙開発の専業となっている。のちに「М. В
. フルンゼ名称設計局『アルセナル』（Констру
кторское бюро «Арсенал» имени М. В.
Фрунзе）」と改称している。サンクト・ペテ
ルブルクにある。ここで設計された弾道弾の
製造は同じ名前の機械製造工場『アルセナル』
（Машиностроительный завод «Арсена
л»）［地図⑤］が担当している。歴史的には、
工場の『アルセナル』のなかの設計局が独立し
たものが設計局の『アルセナル』である。

## ■潜水艦発射式弾道弾の設計局
## ❻第385特別設計局

**Специальное Конструкторское Бюро
385、СКБ-385／マケエフ**

　潜水艦発射式弾道弾においても最初に開発
を手掛けたのは「ロケットの父」コロリョフ率

いる第1試作設計局であることは前述の通り
だが、その最初の弾道弾であるR-11FMの製
造を担当したのは、南ウラルのズラトウスト
市近郊の第66工場（現：ズラトウスト機械製
造工場、Златоустовский машиностроитель
ный завод）［地図⑥］であった。同工場はオ
リジナルのR-11から製造を担当している。ま
た、R-11FMを製造したことをキッカケに、
その後にまったく別系統へと移行したのち
も、潜水艦発射式弾道弾の主たる製造工場の
地位を占めることになる。

　第66工場のための設計局として、第385特
別設計局がズラトウスト市の東30kmほどに
あるミアス市に開設されている。同設計局は
現在「アカデミー会員V. P. マケエフ名称国立
ロケットセンター（Государственный рак
етный центр имени академика В. П.
Макеева）」となっている。これは設計局長ヴ
ィクトル=ペトロヴィチ=マケエフの名を冠し
たものだ。彼はもともと第1試作設計局のコ
ロリョフのもとで働いていたが、独立した設
計局を委ねられた。その最初の仕事が第1試
作設計局で途中まで開発していたR-11FMの
改良型R-13を完成させることだった。このあ
たりの経緯は、第1章に出てきた第586試作
設計局のそれとよく似ている。

　第385特別設計局は以降、液体燃料式の潜
水艦発射式弾道弾をすべて手掛けることにな
る。また第1章でも触れたように、最新・最
強の液体燃料式大陸間弾道弾RS-28も、ここ
が開発を担当している。なお、R-29RMが採
用される前年（1985年）にマケエフは亡くな
っており、これが彼の手掛けた最後の弾道弾
となった。彼の死後、イガリ=イヴァノヴィチ
=ヴェリチュコが、次いでヴラディーミル=グ
リガリエヴィチ=ディエグチャリが設計局長
を継いだ。

　本格的な潜水艦発射式弾道弾として大量生
産されたR-27は、第66工場だけでは生産し

きれず、東西シベリアの境、エニセイ河沿い
の第4工場（現：クラスノヤルスク機械製造工
場、Красноярский машиностроительный
завод）［地図⑦］でも製造された。以降、第
4工場は、液体燃料式の潜水艦発射式弾道弾
の製造を第66工場とともに担当した。なお、
前述のRS-28もここで製造されている。

　第385特別設計局以外に、第7試作設計局
がR-31を手掛けている。また、第1中央設計
局と第235工場は、固体燃料式弾道弾R-30の
採用により一気に主役へと躍り出た。

## 弾道弾の設計局と工場

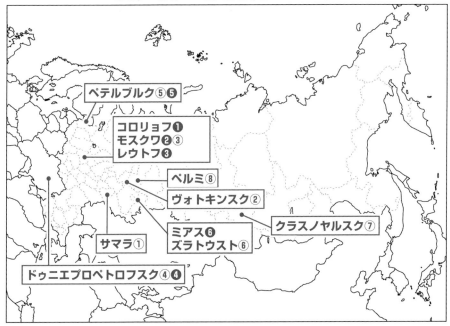

❶エネルギヤ　❷モスクワ熱技術研究所　❸機械科学生産合同　❹ユージュノィエ
❺アルセナル　❻マケエフ　①プログレス　②ヴォトキンスク工場
③国立宇宙研究生産センター　④ユージュマッシュ　⑤アルセナル
⑥ズラトウスト機械製造工場　⑦クラスノヤルスク機械製造工場　⑧モトビリハ工場

# 潜水艦の設計局と造船所

## ■脅威の潜水艦建造数

ソヴィエトがアメリカを圧倒する潜水艦を保有していたことは冒頭で述べた。それは取りも直さず、圧倒的な建造能力があったことを意味する。下の表は"世界の"造船所別潜水艦建造ランキングである。ソヴィエト限定ではなく、"世界の"である。読者の皆さんはロシアに造船大国のイメージを持っていないかもしれないが、こと潜水艦に関しては驚くべき建造能力を有していることがわかる。では、これら造船所、そして設計局を順番に見ていこう。

## ■設計局

### ❶第143特別設計局

**Специальное Конструкторское Бюро 143、СКБ-143／マラヒート**

1948年にレニングラード(現サンクト・ペテルブルク)に設立された。のちに第16中央設計局と合併してН. Н. イサニン名称サンクト・ペテルブルク海洋機械工学局『マラヒート』(Санкт-Петербургское морское бюро машиностроения «Малахит» имени академика Н. Н. Исанина)という名称にな

っている。設計した潜水艦は以下の通り。

汎用潜水艦：690型、627型、645型、671型、971型、885型、705型

有翼ロケット潜水艦：661型

弾道弾搭載型潜水艦：629型

### ❷第18中央設計局

**ЦентральноеКонструкторское Бюро 18、ЦКБ-18／ルービン**

バルティイスキイ・ザヴォート(後述)の設計部門として1926年にレニングラードに設立された。1938年に独立して第18中央設計局、のちに海洋技術中央設計局『ルービン』(Центральное конструкторское бюро морской техники «Рубин»)という名称になっている。設計した潜水艦は以下の通り。

汎用潜水艦：611型、613型、615型、617型、641型、877型、636型、677型、685型

有翼ロケット潜水艦：651型、659型、675型、949型

弾道弾搭載型潜水艦：658型、667型、941型、955型

## 世界の造船所に於ける潜水艦の建造数 (1946〜2020)

| 造船所 | 国 | 原子力 | 非原子力 | 計 |
|---|---|---|---|---|
| セヴマシュ | ロシア連邦 | 135 | 34 | 169 |
| グロトン | アメリカ合衆国 | 103 | 5 | 108 |
| ニューポート ニューズ | アメリカ合衆国 | 63 | 0 | 63 |
| アムール | ロシア連邦 | 57 | 37 | 94 |
| アドミラルティ | ロシア連邦 | 35 | 151 | 186 |
| クラスノエ・ ソルモヴォ | ロシア連邦 | 25 | 186 | 211 |

※原子力潜水艦の建造数順に並べた。建造数には輸出用も含む。

※アドミラルティには、一時期別造船所となっていたスドメフの建造数も合算した。

## ❸第112中央設計局

**ЦентральноеКонструкторское Бюро 112、ЦКБ-112／ラズリート**

　クラスノエ・ソルモヴォ（後述）の設計局として1953年にゴーリキー（現ニジュニイ・ノヴゴロド）に設立された。のちに中央設計局『ラズリート』（Центральное конструкторское бюро «Лазурит»）という名称になっている。設計した潜水艦は以下の通り。

汎用潜水艦：633型、945型

有翼ロケット潜水艦：670型

## ■造船所
### ①第402工場

**Завод № 402／セヴマシュ**

　現在の正式名称は生産合同北方機械会社（Производственное объединение Северное машиностроительное предприятие）。1939年創業。北極海に面したセヴェロドゥヴィンスクにある。14隻の原子力潜水艦を同時建造できるという世界最大の潜水艦造船所。第2次大戦後から現在までに135隻の原子力潜水艦と、37隻のディーゼル・エレクトリック潜水艦を建造した。特に弾道弾搭載型潜水艦は、現在はここでしか建造されていない。略称の「セヴマシュ（Севмаш）」とは「北方工場」の意味で、第1章で紹介した「南方工場／ユージュマッシュ（Южмаш）」と対になっている。建造した潜水艦は以下の通り。

汎用潜水艦：611型、636型、627型、645型、705型、685型、971型、885型

有翼ロケット潜水艦：675型、661型、949型

弾道弾搭載型潜水艦：629型、658型、667型、941型、955型

### ②第194工場

**Завод № 194／アドミラルティ**

　現在の正式名称はアドミラルティ造船所

（Адмиралтейские верфи）。ペテルブルクにある。1704年創業の由緒正しい造船所だが、いくども分社と再統合を繰り返している。建造した潜水艦は以下の通り（途中で分社してのちに再統合された造船所の建造分も含む）。

汎用潜水艦：611型、615型、617型、641型、877型、636型、677型、671型、705型

### ③第189工場

**Завод № 189／バルティイスキイ・ザヴォート**

　現在の正式名称はバルト工場（Балтийский завод）。1856年創業。ペテルブルクのヴァシリエフスキイ島にある。潜水艦はあまり建造していないが、ロシアで唯一、原子力水上艦艇を建造している造船所でもある。建造した潜水艦は以下の通り。

汎用潜水艦：613型

有翼ロケット潜水艦：651型

### ④第112工場

**Завод № 112／クラスノエ・ソルモヴォ**

　現在の正式名称は公開株式会社『"クラスノエ・ソルモヴォ"工場』（Открытое акционерное общество «Завод "Красное Сормово"»）。1849年創業。内陸部のニジュニイ・ノヴゴロドにある。そのため、完成した艦艇はヴォルガ河経由で海まで運ばれる。現在までにソヴィエト／ロシアでもっとも多くの潜水艦を建造した造船所である。また世界で唯一、チタン合金製の船殻を造ることができる。他の造船所で完成されたチタン船殻潜水艦も、船殻だけはここで造られている。建造した潜水艦は以下の通り。

汎用潜水艦：613型、633型、641型、671型、945型、877型

有翼ロケット潜水艦：651型、670型

⑤第444工場

**Завод № 444／黒海造船所**

　現在の正式名称は、スマート・メリタイム・グループ・ニコライエフ造船所（Смарт Мэритайм Груп — Николаевская верфь）。1897年創業。かつては黒海造船工場（Черноморский судостроительный завод）とも呼ばれていた。ウクライナのムィコライウ（露語：ニコライエフ）にある。ソヴィエト時代には唯一、航空巡洋艦（いわゆる空母）を建造できる造船所だった。水上艦艇の造船を得意としている。建造した潜水艦は、汎用潜水艦613型のみ。

⑥第199工場

**Завод № 199／アムール**

　現在の正式名称はアムール造船工場（Амурский судостроительный завод）。1936年創業。その名の通り、アムール河沿いのコムソモリスク・ナ・アムーレにあり、完成した艦艇はアムール河経由でオホーツク海に運ばれる。極東という僻地にあるが、太平洋艦隊に艦艇を供給するため、多くの艦艇を建造している。かつては弾道弾搭載型潜水艦も建造していた（現在は建造していない）。建造した潜水艦は以下の通り。

汎用潜水艦：613型、690型、877型、671型、971型

有翼ロケット潜水艦：659型、675型

弾道弾搭載型潜水艦：629型、667型

## 潜水艦の設計局と造船所

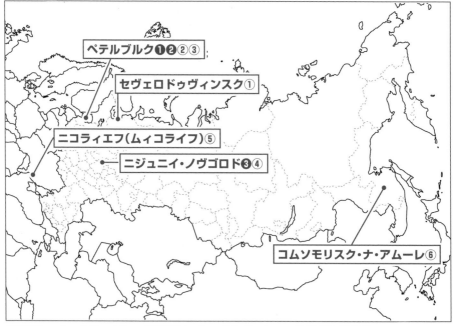

❶マラヒート　❷ルービン　❸ラズリート　①セヴマシュ　②アドミラルティ　③バルティイスキイ・ザヴォート　④クラスノエ・ソルモヴォ　⑤黒海造船所　⑥アムール

以上が主要な造船所である。これら以外に、一からの建造はしないが修理と改造を請け負う造船所が多数存在する。

## 水上戦闘艦艇の設計局と造船所

### ■設計局

以下の設計局はすべて“海軍の街”サンクト・ペテルブルクにある。また、小型艦艇は造船所内の設計部門で設計される場合もある。

#### ❶第17中央設計局

**Центральное Конструкторское Бюро 17、ЦКБ -17／ネフスキイ**

1931年設立。のちに「ネフスキイ計画設計局」（Невское проектно-конструкторское бюро）という名称になっている。対潜巡洋艦と航空巡洋艦のすべてを設計した。ほかにも揚陸艦の設計などを手掛けた。

#### ❷第53中央設計局

**Центральное Конструкторское Бюро 53、ЦКБ -53／北方設計局**

もともと第17中央設計局の一部門だったが、1946年に独立した。のちに「北方計画設計局」（Северное проектно-конструкторское бюро）という名称になっている。軍用艦450隻を含む600隻もの艦船を設計している。水上戦闘艦艇では、巡洋艦、大型対潜艦、艦隊水雷艇のすべて、警備艦1135型、フリゲイト22350型など、主だった大型艦艇を設計している。

#### ❸第5専門設計局

**Специализированное Конструкторское Бюро 5、СКБ -5／アルマーズ**

1949年に魚雷艇専門の設計局として設立された。「第5中央設計局」に改称されたのち「中央海洋設計局『アルマーズ』」（Центральное морское конструкторское бюро «Алмаз»）という名称になっている。警備艦20380型、小型ロケット艦、ロケット艇、哨戒艇、掃海艇、エアクッション揚陸艇などの設計を担当している。

#### ❹第32中央設計局

**Центральное Конструкторское Бюро 32、ЦКБ -32／バルトスドプロィエークト**

1925年設立。のちに「中央設計局『バルトスドプロィエークト（バルト船舶計画）』」（Центральное Конструкторское Бюро «Балтсудопроект»）という名称になっている。本書紹介の艦艇では警備艦40型しか設計していないが、貨物船や客船など非常に多くの船舶を設計している。

### ■造船所

#### ①第189工場

**Завод No.189／バルティイスキイ・ザヴォート**

現在の名称は「バルト工場」（Балтийский завод）。1856年創業。ペテルブルクのヴァシリエフスキイ島にある。ロシアで唯一、原子力水上艦艇を建造している。重原子力ロケット巡洋艦1144型を建造した。ほかには砕氷船建造で名高く、特に原子力砕氷艦はここでしか建造できない。

## ②第190工場

**Завод № 190 ／ セーヴェルナヤ・ヴェルフィ**

　1912年創業。現在の名称は「造船工場『セーヴェルナヤ・ヴェルフィ』」（Судостроительный завод «Северная верфь»）。ペテルブルクの中心街から南西に数km離れたところにある。建造した艦艇は以下の通り。

巡洋艦：58型、1134型

大型対潜艦：61型、1134A型、1155型

艦隊水雷艇：41型、56型、57bis型、956型

警備艦：1135型、20380型、20385型

フリゲイト：22350型

## ③第820工場

**Завод № 820 ／ ヤンタリ**

　1945年創業。現在の名称は「バルト海造船工場『ヤンタリ』」（Прибалтийский судостроительный завод «Янтарь»）。「ヤンタリ」とは琥珀の意味。世界の琥珀のほとんどを産出するカリーニングラードに置かれている。建造した艦艇は以下の通り。また、揚陸艦なども建造している。

大型対潜艦：1155型

警備艦：42型、50型、159型、35型、1135型、11540型

## ④第444工場

**Завод № 444 ／ 黒海造船所**

　1897年創業。現在の名称は「スマート・メリタイム・グループ・ニコラィエフ造船所」（Смарт Мэритайм Груп - Николаевская верфь）。かつては黒海造船工場（Черноморский судостроительный завод）とも呼ばれていた。ウクライナのミィコラィウ（露語：ニコラィエフ）にあり、ソヴィエト時代には唯一、航空巡洋艦を建造できる造船所だった。対潜巡洋艦1123型と航空巡洋艦1143型系列を建造。

## ⑤第445工場

**Завод № 444 ／ ニコラィエフ**

　現在の名称は「ニコラィエフ造船工場」（Николаевский судостроительный завод）。黒海造船工場から3〜4kmの位置にあるが、創業は1788年とこちらのほうが古い。建造した艦艇は以下の通り。

巡洋艦：1164型

大型対潜艦：61型、1134B型

艦隊水雷艇：56型、57bis型

警備艦50型

## ⑥第199工場

**Завод № 199 ／ アムール**

　詳しくは、第3章を参照。建造した艦艇は以下の通り。

艦隊水雷艇：56型、57bis型

警備艦：50型、20380型、20385型

小型ロケット艦：22800型

## ⑦第340工場

**Завод № 340 ／ ゼレノドリスク**

　現在の名称は「А．М．ゴーリキイ名称ゼレノドリスク工場」（Зеленодольский завод имени А. М. Горького）。1895年創業だが、最初は船舶の修理工場だった。カザンから真西に40kmほど、ヴォルガ河畔にある。工場内の設計部門で艦艇の設計も行っている。小型艦艇の建造を得意とする。建造した艦艇は以下の通り。

警備艦：159型、1159型、11661型

小型ロケット艦：1239型、21631型

小型対潜艦：6タイプ356隻

## ⑧第532工場

**Завод № 532 ／ ザリフ**

　1938年創業。現在の名称は「造船工場『ザリフ』」（Судостроительный завод «Залив»）。クリミア半島の東端、ケルチにある。タンカー

などの大型船も建造できる大きな造船所だ
が、軍用艦では小型艦を手掛ける。建造した
艦艇は以下の通り。
警備艦：1135 型
小型ロケット艦：22800 型
小型対潜艦：2 タイプ 120 隻

## ⑨第 876 工場
### Завод №. 876 ／ハバロフスク
　1953 年創業。現在の名称は「ハバロフス
ク造船工場」（Хабаровский судостроитель
ный завод）。東部軍管区の司令部があるハ
バロフスクにある。小型船舶の建造と修理を
行っている。建造した水上艦艇は以下の通り。
警備艦：159 型
ロケット艇：1 タイプ 26 隻
小型対潜艦：4 タイプ 72 隻以上

## ⑩第 602 工場
### Завод №. 602 ／ヴォストーチュナヤ・ヴェ
### ルフィ
　1952 年創業。現在の名称は「ヴォストー
チュナヤ・ヴェルフィ」（Восточная верфь、
東部造船所）。小型艦艇の建造を請け負って
いる。ウラジオストクにある。建造した水上
戦闘艦艇は以下の通り。
小型ロケット艦：1234 型
ロケット艇：2 タイプ 65 隻
小型対潜艦：1 タイプ 9 隻

## ⑪第 5 工場
### Завод №. 5 ／アルマーズ
　1933 年創業。現在の名称は「造船会社『ア
ルマーズ』」（Судостроительная фирма «А
ЛМАЗ»）。ペテルブルクのペトロフスキイ島
にある。なんとドックのない造船所であり、
そのため小型艦艇のみ建造している。建造し
た艦艇は以下の通り。
小型ロケット艦：1234 型

ロケット艇：3 タイプ 124 隻

## ⑫第 341 工場
### Завод №. 341 ／ヴィンペル
　1930 年創業。現在の名称は「造船工場『ヴィ
ンペル』」（Судостроительный завод «Вы
мпел»）。ヴォルガ河上流の巨大な人造湖ル
イビンスク湖畔、ルイビンスクにある。古く
から魚雷艇を始めとした小型艦艇を建造して
いる。建造した艦艇はロケット艇 2 タイプ
176 隻。

## ⑬ペラ
　1950 年創業。正式名称は「レニングラー
ト造船工場『ペラ』」（Ленинградский судо
строительный завод «Пелла»）。ペテルブ
ルクからネヴァ河を遡上したオトラドノエに
ある。小型船やボートの建造を得意としてい
る。小型ロケット艦 22800 型を建造した。

## ⑭プリモルスキイ
　1957 年創業。正式名称は「港東門プリモ
ルスク工場」（Порт Восточные Ворота - П
риморский завод）。ウラジオストクから東
南東 90km のナホトカにある。小型ロケッ
ト艦 1234 型、1240 型を建造。

　このほか、小型対潜艦以下の艦艇しか建造
していないヴォルゴグラード、キエフ、モレ、
ヤロスロフ、ネフスキイ各造船所は省いた。

# 水上戦闘艦艇の設計局と造船所

カリーニングラード③

ペテルブルク❶❷❸❹①②⑪
オトラドノエ⑬

ルイビンスク⑫

ニコラィエフ(ムィコライウ)④⑤

ゼレノドリスク⑦

ケルチ⑧

コムソモリスク・ナ・アムーレ⑥

ハバロフスク⑨

ナホトカ⑭

ウラジオストク⑩

❶ネフスキイ　❷北方設計局　❸アルマーズ　❹バルト船舶計画　①バルティイスキイ・ザ
ウォート　②セーヴェルナヤ・ヴェルフィ　③ヤンタリ　④黒海造船所　⑤ニコラィエフ
⑥アムール　⑦ゼレノドリスク　⑧ザリフ　⑨ハバロフスク　⑩ウラジオストク
⑪アルマーズ　⑫ヴィンペル　⑬ペラ　⑭プリモルスキイ

# 艦載ミサイルの設計局と工場

## ■艦対艦および艦対地ミサイル

　有翼ロケット（巡航ミサイル）は、対艦用を第52試作設計局と第47工場が、対地用を第8試作設計局が、それぞれ設計・製造している。

## ❶第52試作設計局

**Опытно - Конструкторское Бюро 52、ОКБ -52／機械科学生産合同**

　モスクワの東に隣接するレウトフにあり、対艦用有翼ロケットを独占的に担当している（第1章で述べたように、UR-100系統の汎用大陸間弾道弾も担当した）。のちにのちに機械科学生産合同という名称になっているのも前述した通り。

　有翼ロケットの製造はオレンブルクにある、第47工場（オレンブルク機械製造工場、Оренбургским машиностроительным заводом、現：生産合同『ストレラ』、Производственное объединение «Стрела»）[地図①]が担当する。

## ❷第8試作設計局

**Опытно - Конструкторское Бюро 8、ОКБ -8／ノヴァトル**

　エカテリンブルクにあり、対地用有翼ロケットを独占的に担当している。もともと対空砲の設計を行っていたが、のちに地対空ロケットも担うようになり、3M10から対地用有翼ロケットにも携わるようになった。ノヴァトルは有翼ロケットの製造も行っている。

　上記のほか、航空兵器系の設計局が一部の有翼ロケットを担当している。

## ❸第155-1試作設計局

## 第155-1試作設計局

**Опытно - Конструкторское Бюро 155-1、ОКБ -155-1／ラドゥガ**

　モスクワ州の北端のドゥブナにあり、もともとは戦闘機設計で名高いミコヤン・グレヴィチ設計局（OKB-155）の一部門だったが、のちに独立した。現在の正式名称は、А. Я. ベレズニャク名称国立機械製造設計局『ラドゥガ』（Государственное машиностроительное конструкторское бюро «Радуга» имен А. Я. Березняка）。航空兵器を多数設計しており、艦艇用有翼ロケット分野ではР-270のみ担当した。

　Р-270の製造は第116工場（現：Н. И. サズゥイキン名称アルセニエフ航空会社『プログレス』、Арсеньевская Авиационная Компания «ПРОГРЕСС» имен Н. И. Сазыкина）[地図②]が担当した。

## ❹第455試作設計局

**Опытно - Конструкторское Бюро 455、ОКБ -455／ズヴェズダ**

　モスクワ郊外のコロリョフにある。現在の正式名称は、試作設計局『ズヴェズダ』（ОКБ «Звезда»）。こちらもラドゥガと並んで航空兵器を多く設計している。艦艇用有翼ロケットは3M24のみ担当。

　3M24の製造は第455工場[地図③]が担当した。同工場は、のちにカリーニングラード機械製造工場『ストレラ』（前述の第47工場とは別）と改称したのち、現在はズヴェズダを含めて株式会社『戦術ロケット兵器』（Корпорация «Тактическое ракетное вооружение»）の一部となっている。

## ■艦対潜ミサイル

　対潜巡洋艦や航空巡洋艦用のRPK-1を第

141

1 中央設計局（第1章）が、大型対潜艦用の URPK-3/-4/-5 を第155-1 試作設計局（**❸**）が、潜水艦／魚雷発射管用の RPK-2/-6/-7 を第8 試作設計局（**❷**）が、それぞれ開発した。

なお、9K95 を開発したアルマーズ設計局については、下巻『戦術兵器編』参照のこと。

## ■艦対空ミサイル
### ❺第10科学技術研究所
**Научно - исследовательский институт №. 10 ／アルタイル**

　1933 年設立。現在の名称は「海洋電波電子科学技術研究所『アルタイル』」（Морской научно-исследовательский институт радиоэлектроники «Альтаир»）。モスクワにあり、艦対空ロケットシステムを一手に引き受けている。また、艦艇用レーダーの設計も手掛ける。

## 艦載ミサイルの設計局と造船所

カリーニングラード❸

ドゥブナ❸

レウトフ❶
コロリュフ❹
モスクワ❺

エカテリンブルク❷

オレンブルク①

アレクセニュフ②

❶機械科学生産合同　❷ノヴァトル　❸ラドゥガ　❹ズヴェズダ　❺アルタイル
①ストレラ（第47工場）　②プログレス　③ストレラ（第455工場）

# 掲載兵器スペック一覧

## ■大陸間弾道弾

| 形式 | 条約名 | 設計 | 製造 | 段数 | 全長[m] | 直径[m] | 重量[t] | 射程[km] | 弾頭 |
|---|---|---|---|---|---|---|---|---|---|
| **液体燃料式** | | | | | | | | | |
| R-7 | | OKB-1 | No.1 | 3 | 34.2 | 10.3 | 265.8 | 8,000 | 3,000 kt × 1 |
| R-9A | | OKB-1 | No.1 | 2 | 24.3 | 2.7 | 80.4 | 12,500 | 2,300 kt × 1 |
| R-16 | | OKB-586 | No.586 | 2 | 34.3 | 3.0 | 140.6 | 11,000 | 5,000 kt × 1 |
| R-36 | | OKB-586 | No.586 | 2 | 32.2 | 3.0 | 183.9 | 10,200 | 10,000 kt × 1 |
| | | | | | | | | 15,200 | 5,000 kt × 1 |
| | | | | | | | | 15,200 | 8,000 kt × 1 |
| | | | | | | | | 10,200 | 20,000 kt × 1 |
| R-36orb | | OKB-586 | No.586 | 2 | 32.7 | 3.0 | 181.3 | 周回軌道 | 2,300 kt × 1 |
| R-36P | | OKB-586 | No.586 | 2 | 32.2 | 3.0 | 183.5 | 10,200 | 2,300 kt × 3 |
| R-36M | RS-20A | OKB-586 | No.586 | 2 | 33.7 | 3.0 | 209.2 | 11,200 | 20,000 kt × 1 |
| | | | | | | | 208.3 | 16,000 | 8,000 kt × 1 |
| | | | | | | | 210.4 | 10,500 | 400 kt × 8 |
| R-36M UTTKh | RS-20B | OKB-586 | No.586 | 2 | 34.3 | 3.0 | 211.1 | 11,000 | 500 kt × 10 |
| R-36M2 | RS-20V | OKB-586 | No.586 | 2 | 34.3 | 3.0 | 211.4 | 11,000 | 20,000 kt × 1 |
| | | | | | | | | 11,000 | 750 kt × 10 |
| | | | | | | | | 16,000 | 8,000 kt × 1 |
| | | | | | | | | 11,000 | 750 kt × 6 + 150 kt × 4 |
| | RS-28 | SKB-385 | No.4 | 2 | 35.3 | 3.0 | 208.1 | 18,000 | |
| UR-100 | RS-10 | OKB-52 | No.23 | 2 | 16.9 | 2.0 | 42.3 | 10,600 | 1,100 kt × 1 |
| UR-100K | RS-10 | OKB-52 | No.23 | 2 | 18.9 | 2.0 | 50.1 | 10,600 | 1,300 kt × 1 |
| UR-100U | RS-10M | OKB-52 | No.23 | 2 | 19.1 | 2.0 | 50.1 | 10,600 | 350 kt × 3 |
| UR-100H | RS-18A | OKB-52 | No.23 | 2 | 24.0 | 2.5 | 103.4 | 9,650 | 400 kt × 6 |
| UR-100H UTTKh | RS-18B | OKB-52 | No.23 | 2 | 24.3 | 2.5 | 105.6 | 10,000 | 550 kt × 6 |
| MR UR-100 | RS-16A | OKB-586 | No.586 | 2 | 22.5 | 2.3 | 71.2 | 10,320 | 5,300 kt × 1 |
| MR UR-100 UTTKh | RS-16B | OKB-586 | No.586 | 2 | 22.2 | 2.3 | 71.1 | 10,200 | 550 kt × 4 |
| **固体燃料式** | | | | | | | | | |
| RT-2 | RS-12 | OKB-1 / TsKB-1 | No.172 | 3 | 21.3 | 1.8 | 51.0 | 9,600 | 600 kt × 1 |
| RT-2P | RS-12 | TsKB-7 | No.172 | 3 | 21.3 | 1.8 | 51.9 | 10,200 | 750 kt × 1 |
| RT-2PM | RS-12M | TsKB-1 | No.235 | 3 | 21.5 | 1.8 | 45.1 | 10,500 | 550 kt × 1 |
| RT-2PM2 | RS-12M2 | TsKB-1 | No.235 | 3 | 22.7 | 1.9 | 47.2 | 11,000 | 1,000 kt × 1 |
| | RS-24 | TsKB-1 | No.235 | 3 | 22.6 | 1.9 | 47.2 | 12,000 | 300 kt × 4 |
| RT-23UTTKh | RS-22A/B | OKB-586 | No.586 | 3 | 23.3 | 2.4 | 104.5 | 10,100 | 430 kt × 10 |

## ■潜水艦発射式弾道弾

| 形式 | 条約名 | 複合体形式 | 設計 | 製造 | 段数 | 全長[m] | 直径[m] | 重量[t] | 射程[km] | 弾頭 |
|---|---|---|---|---|---|---|---|---|---|---|
| **液体燃料式** | | | | | | | | | | |
| R-11FM | | D-1 | OKB-1 | No.66 | 1 | 10.4 | 0.9 | 5.5 | 150 | 10 kt × 1 |
| R-13 | | D-2 | OKB-1 / SKB-385 | No.66 | 1 | 11.8 | 1.3 | 13.7 | 600 | 1,000 kt × 1 |
| R-21 | | D-4 | SKB-385 | No.66 | 1 | 12.9 | 1.4 | 16.6 | 1,400 | 1,000 kt × 1 |
| R-27 | RSM-25 | D-5 | SKB-385 | No.66 / No.4 | 1 | 9.7 | 1.5 | 14.2 | 2,400 | 1,000 kt × 1 |
| R-27U | RSM-25 | D-5U | SKB-385 | No.66 / No.4 | 1 | 9.7 | 1.5 | 14.2 | 3,000 | 200 kt × 3 |
| R-29 | RSM-40 | D-9 | SKB-385 | No.66 / No.4 | 2 | 13.0 | 1.8 | 33.3 | 7,800 | 1,000 kt × 1 |
| R-29D | RSM-40 | D-9D | SKB-385 | No.66 / No.4 | 2 | 13.0 | 1.8 | 33.3 | 9,000 | 1,000 kt × 1 |
| R-29R | RSM-50 | D-9R | SKB-385 | No.66 / No.4 | 2 | 14.1 | 1.8 | 35.3 | 6,500 | 200 kt × 3 |
| R-29RD | RSM-50 | D-9RD | SKB-385 | No.66 / No.4 | 2 | 14.1 | 1.8 | 35.3 | 8,000 | 450 kt × 1 |
| R-29RK | RSM-50 | D-9RK | SKB-385 | No.66 / No.4 | 2 | 14.1 | 1.8 | 35.3 | 6,500 | 100 kt × 7 |
| R-29RM | RSM-54 | D-9RM | SKB-385 | No.66 / No.4 | 2 | 14.8 | 1.9 | 40.3 | 8,300 | 200 kt × 4 |
| R-29RMU2 | RSM-54 | D-9RMU2 | SKB-385 | No.4 | 2 | 14.8 | 1.9 | 40.3 | 11,500 | 500 kt × 4 |
| R-29RMU2.1 | RSM-54 | D-9RMU2.1 | SKB-385 | No.4 | 2 | 14.8 | 1.9 | 40.3 | 11,500 | 500 kt × 4 |
| **固体燃料式** | | | | | | | | | | |
| R-31 | RSM-45 | D-11 | TsKB-7 | No.7 | 2 | 11.1 | 1.5 | 26.9 | 3,900 | 500 kt × 1 |
| R-39 | RSM-52 | D-19 | SKB-385 | No.66 | 3 | 16.0 | 2.4 | 84.0 | 8,300 | 100 kt × 10 |
| R-30 | RSM-56 | D-30 | TsKB-1 | No.235 | 3 | 11.5 | 2.0 | 36.8 | 8,000 | 150 kt × 6 |

## ■弾道弾搭載型潜水艦

| 計画番号 | 設計 | 建造 | 就役数 | 水中排水量[t] | 速力[kt] | 実用深度[m] | 弾道弾 | 搭載数 |
|---|---|---|---|---|---|---|---|---|
| **ディーゼル・エレクトリック推進式** | | | | | | | | |
| V611 | TsKB-16 | No.402 | 1 | 2,387 | 13.0 | | R-11FM | 2 |
| AV611 | TsKB-16 | No.202 | (1) | 2,415 | 12.5 | | R-11FM | 2 |
| | | No.402 | 4 | | | | | |
| 629 | TsKB-16 | No.402 | 15 | 2,820 | 12.5 | | R-13 | 3 |
| | | No.199 | 7 | | | | | |
| 629A | TsKB-16 | No.893 | (8) | 3,553 | 12.2 | | R-21 | 3 |
| | | No.202 | (6) | | | | | |
| 629B | TsKB-16 | No.402 | 1 | | 12.2 | | R-21 | 2 |
| **原子力タービン推進式** | | | | | | | | |
| 658 | TsKB-18 | No.402 | 8 | 5,345 | 26.0 | 320 | R-13 | 3 |
| 658M | TsKB-18 | No.402 | (1) | 5,345 | 26.0 | 320 | R-21 | 3 |
| | | No.893 | (5) | | | | | |
| | | No.892 | (1) | | | | | |
| 701 | TsKB-16 | No.402 | (1) | | 23.3 | 320 | R-29 | 6 |
| 667A | TsKB-18 | No.402 | 22 | 9,600 | 27.0 | 320 | R-27 | 16 |
| | | No.199 | 6 | | | | | |
| 667AU | TsKB-18 | No.402 | 2 | 9,600 | 27.0 | 320 | R-27U | 16 |
| | | No.199 | 4 | | | | | |
| | | No.893 | (5) | | | | | |
| | | | (1) | | | | | |
| | | No.49 | (1) | | | | | |
| 667AM | TsKB-18 | No.893 | (1) | 10,000 | 27.0 | 320 | R-31 | 12 |
| 667B | TsKB-18 | No.402 | 10 | 13,720 | 25.0 | 320 | R-29 | 12 |
| | | No.199 | 8 | | | | | |
| 667BD | TsKB-18 | No.402 | 4 | 15,750 | 25.0 | 320 | R-29D | 16 |
| 667BDR | TsKB-18 | No.402 | 14 | 15,950 | 24.0 | 320 | R-29R | 16 |
| 667BDRM | TsKB-18 | No.402 | 7 | 18,200 | 24.0 | 320 | R-29RM | 16 |
| 941 | TsKB-18 | No.402 | 6 | 48,000 | 25.0 | 520 | R-39 | 20 |
| 941UM | TsKB-18 | No.402 | (1) | 48,000 | 25.0 | 520 | R-30 | 20 |
| 955 | TsKB-18 | No.402 | 3 | 24,000 | 29.0 | 380 | R-30 | 16 |
| 955A | TsKB-18 | No.402 | 2+ | 24,000 | 29.0 | 380 | R-30 | 16 |

※（ ）は既存艦からの改造。＋表記は現在も建造中。

## ■汎用潜水艦

| 計画番号 | 設計 | 建造 | 就役数 | 水中排水量[t] | 速力[kt] | 実用深度[m] | 650mm | 533mm | 400mm |
|---|---|---|---|---|---|---|---|---|---|
| **ディーゼル・エレクトリック推進式** | | | | | | | | | |
| 611 | TsKB-18 | No.196 | 8 | 2,300 | 16.0 | 200 | | 10 | |
| | | No.402 | 13 | | | | | | |
| 613 | TsKB-18 | No.189 | 16 | 1,350 | 13.1 | 170 | | 6 | |
| | | No.444 | 71 | | | | | | |
| | | No.112 | 116 | | | | | | |
| | | No.199 | 11 | | | | | | |
| 613M | TsKB-18 | No.444 | 1 | 1,350 | 13.1 | 170 | | 6 | |
| 615 | TsKB-18 | No.196 | 30 | 504 | 15.0 | 100 | | 4 | |
| 617 | TsKB-18 | No.196 | 1 | 1,500 | 20.0 | 170 | | 6 | |
| 641 | TsKB-18 | No.196 | 62 | 2,550 | 16.0 | 250 | | 10 | |
| | | No.194 | 13 | | | | | | |
| 641B | TsKB-18 | No.112 | 18 | 3,900 | 15.0 | 240 | | 6 | |
| 633 | TsKB-112 | No.112 | 20 | 1,712 | 13.2 | 270 | | 8 | |
| 690 | SKB-143 | No.199 | 4 | 2,480 | 18.0 | 270 | | 1 | 1 |
| 877 | TsKB-18 | No.112 | 7 | 3,040 | 17.0 | 240 | | 6 | |
| | | No.199 | 15 | | | | | | |
| 877EKM | TsKB-18 | No.112 | 1 | 3,040 | 17.0 | 240 | | 6 | |
| 877V | TsKB-18 | No.112 | 1 | 3,950 | 18.0 | 240 | | 6 | |
| 636(06363) | TsKB-18 | No.194 | 8+ | 3,100 | 19.8 | 240 | | 6 | |
| 677 | TsKB-18 | No.194 | 1+ | 2,650 | 20.0 | 240 | | 6 | |
| **原子力タービン推進式** | | | | | | | | | |
| 627A | SKB-143 | No.402 | 13 | 4,750 | 30.0 | 320 | | 8 | |
| 645 | SKB-143 | No.402 | 1 | 4,370 | 30.2 | 320 | | 8 | |
| 659T | TsKB-18 | No.892 | (5) | 4,820 | 24.0 | | | 4 | 4 |
| 671 | SKB-143 | No.194 | 10 | 4,870 | 32.0 | 320 | | 6 | |
| 671V | SKB-143 | No.194 | 3 | 4,870 | 32.0 | 320 | | 6 | |
| 671M | SKB-143 | No.194 | 2 | 4,870 | 32.0 | 320 | | 6 | |
| 671K | SKB-143 | | (1) | 4,870 | 32.0 | 320 | | 6 | |
| 671RT | SKB-143 | No.194 | 3 | 5,670 | 31.0 | 320 | 2 | 4 | |
| | | No.112 | 4 | | | | | | |
| 671RTM | SKB-143 | No.194 | 7 | 7,250 | 30.0 | 320 | 2 | 4 | |
| | | No.199 | 13 | | | | | | |
| 671RTMK | SKB-143 | No.194 | 6 | 7,250 | 30.0 | 320 | 2 | 4 | |
| | | No.893 | (1) | | | | | | |
| | | | (1) | | | | | | |
| 705 | SKB-143 | No.194 | 4 | 3,150 | 41.0 | 320 | | 6 | |
| 705K | SKB-143 | No.402 | 3 | 3,125 | 41.0 | 320 | | 6 | |
| 685 | TsKB-18 | No.402 | 1 | 8,500 | 30.0 | 1,000 | | 6 | |
| 945 | TsKB-112 | No.112 | 2 | 9,800 | 33.0 | 480 | 4 | 4 | |
| 945A | TsKB-112 | No.112 | 2 | 10,400 | 32.0 | 480 | | 6 | |
| 971 | SKB-143 | No.402 | 7 | 12,800 | 33.0 | 520 | 4 | 6 | |
| | | No.199 | 8 | | | | | | |
| 885 | SKB-143 | No.402 | 1 | 13,800 | 31.0 | 520 | | 10 | |
| 885M | SKB-143 | No.402 | 1+ | 13,800 | 31.0 | 520 | | 10 | |

※（ ）は既存艦からの改造。＋表記は現在も建造中。　※本国用として建造されたもののみ（輸出用を含まず）。

## ■有翼ロケット潜水艦

| 計画番号 | 設計 | 建造 | 就役数 | 水中排水量 [t] | 速力 [kt] | 実用深度 [m] | 有翼ロケット | 搭載数 | 魚雷発射管 650mm | 533mm | 400mm |
|---|---|---|---|---|---|---|---|---|---|---|---|
| **ディーゼル・エレクトリック推進式** | | | | | | | | | | | |
| 644 | TsKB-18 | No.112 | (6) | 1,430 | 11.5 | | P-5 | 2 | | 4 | |
| 665 | TsKB-112 | No.112 | (2) | 1,660 | 11.0 | | P-5 | 4 | | 4 | |
| | | No.189 | (4) | | | | | | | | |
| 651 | TsKB-18 | No.189 | 2 | 3,750 | 14.5 | 240 | P-6 | 4 | | 6 | 4 |
| | | No.112 | 14 | | | | | | | | |
| **原子力タービン推進式** | | | | | | | | | | | |
| 659 | TsKB-18 | No.199 | 5 | 4,920 | 23.0 | 300 | P-5 | 6 | | 4 | 4 |
| 675 | TsKB-18 | No.402 | 16 | 5,760 | 23.0 | 300 | P-6 | 8 | | 4 | 2 |
| | | No.199 | 13 | | | | | | | | |
| 675K | TsKB-18 | No.893 | (2) | 5,760 | 23.0 | 300 | P-6 | 8 | | 4 | 2 |
| | | No.892 | (1) | | | | | | | | |
| 675MK | TsKB-18 | No.893 | (2) | 6,360 | 23.0 | 300 | P-500 | 8 | | 4 | 2 |
| | | No.892 | (7) | | | | | | | | |
| 675MU | TsKB-18 | No.402 | (1) | 6,360 | 32.0 | 320 | P-500 | 8 | | 4 | 2 |
| 675MKV | TsKB-18 | No.893 | (2) | 6,810 | 32.0 | 320 | P-1000 | 8 | | 4 | 2 |
| | | No.892 | (2) | | | | | | | | |
| 667AT | TsKB-18 | No.402 | (3) | 9,684 | 27.0 | 320 | 3M10 | 32 | | 6 | |
| 670 | TsKB-112 | No.112 | 11 | 4,980 | 26.0 | 240 | P-70 | 8 | | 4 | |
| 670M | TsKB-112 | No.112 | 6 | 5,500 | 24.0 | 240 | P-120 | 8 | | 4 | |
| 06704 | TsKB-112 | No.10 | (1) | 5,500 | 24.0 | 240 | P-800 | 8 | | 4 | |
| 661 | SKB-143 | No.402 | 1 | 8,770 | 42.0 | 320 | P-70 | 10 | | 4 | |
| 949 | TsKB-18 | No.402 | 2 | 22,500 | 32.0 | 520 | P-700 | 24 | 2 | 4 | |
| 949A | TsKB-18 | No.402 | 11 | 24,000 | 32.0 | 520 | P-700 | 24 | 2 | 4 | |

## ■有翼ロケット（巡航ミサイル）

| 形式 | 設計 | 製造 | 全長 [mm] | 直径 [mm] | 射程 [km] | 速度 [m/s] | エンジン | 核弾頭 [kT] | 通常弾頭 [kg] |
|---|---|---|---|---|---|---|---|---|---|
| **対艦用** | | | | | | | | | |
| P-6 | OKB-52 | No.126 | 10,200 | 900 | 350 | 420 | ターボジェット | 20 | 930 |
| P-35 | OKB-52 | No.126 | 9,800 | 860 | 270 | 500 | ターボジェット | 20 | 500 |
| P-500 | OKB-52 | No.47 | 11,700 | 880 | 550 | 750 | ターボジェット | 350 | 1,000 |
| P-1000 | OKB-52 | No.47 | 11,700 | 880 | 1,000 | 750 | ターボジェット | 350 | 500 |
| P-700 | OKB-52 | No.47 | 8,840 | 1,140 | 700 | 800 | ターボジェット | 500 | 750 |
| P-800 | OKB-52 | No.47 | 8,000 | 670 | 600 | 750 | ラムジェット | | 250 |
| P-70 | OKB-52 | No.126 | 7,000 | 550 | 80 | 310 | 固体ロケット | 200 | 500 |
| P-120 | OKB-52 | No.47 | 8,840 | 800 | 150 | 310 | ターボジェット | 200 | 800 |
| P-270 | OKB-155-1 | No.116 | 9,385 | 760 | 90 | 780 | ラムジェット | | 300 |
| P-1 | OKB-52 | No.256 | 7,600 | 900 | 40 | 260 | 液体ロケット | | 320 |
| P-15 | OKB-52 | No.256 | 6,425 | 760 | 40 | 312 | ターボジェット | | 480 |
| P-15M | OKB-52 | No.256 | 6,665 | 760 | 80 | 320 | ターボジェット | 15 | 513 |
| 3M24 | OKB-455 | NO.455 | 4,400 | 420 | 130 | 270 | ターボジェット | | 145 |
| 3M54 | OKB-8 | OKB-8 | 8,220 | 533 | 220 | 700 | ターボジェット | | 200 |
| **対地用** | | | | | | | | | |
| P-5 | OKB-52 | No.126 | 11,850 | 1,000 | 350 | 345 | ターボジェット | 200 | 870 |
| 3M10 | OKB-8 | OKB-8 | 8,090 | 510 | 2,500 | 240 | ターボジェット | 200 | |
| 3M14 | OKB-8 | OKB-8 | 8,220 | 533 | 2,500 | 270 | ターボジェット | | 500 |

## ■ロケット巡洋艦

| 計画番号 | 設計 | 建造 | 就役数 | 満載排水量[t] | 速力[kt] | 有翼ロケット | 防空システム | 魚雷533mm | 航空機 |
|---|---|---|---|---|---|---|---|---|---|
| 58 | TsKB-53 | No.190 | 4 | 5,570 | 34.5 | P-35 | M-1 | 6 | Ka-25 × 1 |
| 1134 | TsKB-53 | No.190 | 4 | 7,125 | 34.3 | P-35 | M-1 | 10 | Ka-25 × 2 |
| 1164 | TsKB-53 | No.445 | 3 | 11,490 | 32.5 | P-500 / P-1000 | S-300F / 4K33 | 10 | Ka-25 × 1 |
| 1144 | TsKB-53 | No.189 | 1 | 25,860 | 32.0 | P-700 | S-300F / 4K33 | 10 | Ka-27 × 3 |
| 11442 | TsKB-53 | No.189 | 3 | 26,396 | 32.0 | P-700 | S-300F / S-300FM / 3K95 | 10 | Ka-27 × 3 |

## ■大型対潜艦

| 計画番号 | 設計 | 建造 | 就役数 | 満載排水量[t] | 速力[kt] | 防空システム | 対潜ロケット | 魚雷533mm | 航空機 |
|---|---|---|---|---|---|---|---|---|---|
| 61 | TsKB-53 | No.445 / No.190 | 15 / 5 | 4,510 | 35.0 | M-1 | | 5 | Ka-25 × 1 |
| 1134A | TsKB-53 | No.190 | 10 | 7,670 | 33.0 | M-11 | URPK-3 / URK-5 | 10 | Ka-25 × 1 |
| 1134B | TsKB-53 | No.445 | 7 | 8,990 | 33.0 | M-11 / 4K33 | URPK-3 / URK-5 | 10 | Ka-25 × 1 |
| 1155 | TsKB-53 | No.190 / No.820 | 4 / 8 | 7,620 | 30.0 | 3K95 | URK-5 | 8 | Ka-27 × 2 |
| 11551 | TsKB-53 | No.820 | 1 | 8,320 | 32.0 | 3K95 | RPK-6 | 8 | Ka-27 × 2 |

## ■艦隊水雷艇

| 計画番号 | 設計 | 建造 | 就役数 | 満載排水量[t] | 速力[kt] | 有翼ロケット | 防空システム | 魚雷533mm | 航空機 |
|---|---|---|---|---|---|---|---|---|---|
| 41 | TsKB-53 | No.190 | 1 | 3,830 | 33.6 | | | 10 | |
| 56 | TsKB-53 | No.190 / No.445 / No.199 | 12 / 8 / 7 | 3,230 | 38.5 | | | 10 | |
| 56K | TsKB-53 | No.201 | (1) | 3,447 | 35.5 | | M-1 | 5 | |
| 56A | TsKB-53 | No.445 | (8) | 3,620 | | | M-1 | 5 | |
| 56EM | TsKB-53 | No.445 | 1 | 3,390 | 37.0 | P-1 | | 4 | |
| 56M | TsKB-53 | No.190 / No.445 / No.199 | 1 / 1 / 1 | 3,315 | 39.0 | P-1 | | 4 | |
| 56U | TsKB-53 | No.445 | (3) | 3,447 | 35.0 | P-15 | M-1 | 4 | |
| 57bis | TsKB-53 | No.445 / No.190 / No.199 | 3 / 4 / 2 | 4,192 | 38.5 | P-1 | | 6 | Ka-15 × 1 |
| 57A | TsKB-53 | No.190 / No.445 / No.202 | (4) / (1) / (3) | 4,500 | 32.0 | | M-1 | 10 | Ka-25 × 1 |
| 956 | TsKB-53 | No.190 | 17 | 7,904 | 33.4 | P-270 | M-22 | 4 | Ka-27 × 2 |

※（ ）は既存艦からの改造。　※本国用として建造されたもののみ（輸出用を含まず）。

| 計画番号 | 設計 | 建造 | 就役数 | 満載排水量 [t] | 速力 [kt] | 有翼ロケット | 防空システム | 対潜ロケット | 魚雷 | | | 航空機 |
|---|---|---|---|---|---|---|---|---|---|---|---|---|
| | | | | | | | | | 533mm | 400mm | 324mm | |
| 42 | TsKB-32 | No.820 | 8 | 1,679 | 29.6 | | | | 3 | | | |
| 50 | TsKB-820 | No.445 | 20 | 1,337 | 29.5 | | | | 3 | | | |
| | | No.820 | 41 | | | | | | | | | |
| | | No.199 | 7 | | | | | | | | | |
| 159 | TsKB-340 | No.820 | 11 | 1,050 | 32.0 | | | | | 5 | | |
| | | No.340 | 1 | | | | | | | | | |
| | | No.876 | 7 | | | | | | | | | |
| 159A | TsKB-340 | No.820 | 13 | 1,110 | 32.0 | | | | | 10 | | |
| | | No.876 | 10 | | | | | | | | | |
| 159AE | TsKB-340 | No.820 | 3 | 1,140 | 29.0 | | | | 3 | | | |
| | | No.876 | 11 | | | | | | | | | |
| 35 | TsKB-340 | No.820 | 18 | 1,132 | 34.0 | | | | | 10 | | |
| 11661K | TsKB-340 | No.340 | 1 | 1,930 | 28.0 | 3M24 | 4K33 | | | | | |
| | | No.340 | 1 | 1,805 | 29.0 | 3M14 | | 91R1 | | | | |
| | | | | | | 3M54 | | 91RT2 | | | | |
| 1135 | TsKB-53 | No.820 | 8 | 3,190 | 32.0 | | 4K33 | URPK-4 | 8 | | | Ka-27 × 1 |
| | | No.532 | 7 | | | | | | | | | |
| | | No.190 | 6 | | | | | | | | | |
| 1135M | TsKB-53 | No.820 | 11 | 3,305 | 32.0 | | 4K33 | URPK-4 | 8 | | | Ka-27 × 1 |
| 11356 | TsKB-53 | No.820 | 3 | 4,035 | 30.0 | 3M14 | 3S90M | 91R1 | 4 | | | Ka-27 × 1 |
| | | | | | | 3M54 | | 91RT2 | | | | |
| 11540 | TsKB-340 | No.820 | 2 | 4,450 | 30.0 | 3M24 | 3K95 | RPK-6 | 6 | | | Ka-27 × 1 |
| 20380 | SKB-5 | No.190 | 4+ | 2,250 | 27.0 | 3M24 | 9K96 | | | | 8 | Ka-27 × 1 |
| | | No.199 | 2+ | | | | | | | | | |
| 20385 | SKB-5 | No.190 | 1+ | 2,300 | 27.0 | 3M14 | 9K96 | 91R1 | | | 8 | Ka-27 × 1 |
| | | | | | | 3M54 | | | | | | |
| | | No.199 | 0+ | | | P-800 | | 91RT2 | | | | |
| | | | | | | 3M22 | | | | | | |
| 22350 | TsKB-53 | No.190 | 2+ | 5,400 | 29.5 | 3M14 | 9K96 | 91R1 | | | 8 | Ka-27 × 1 |
| | | | | | | 3M54 | | | | | | |
| | | | | | | P-800 | | 91RT2 | | | | |
| | | | | | | 3M22 | | | | | | |

※＋表記は現在も建造中。　※本国用として建造されたもののみ（輸出用を含まず）。

149

## ■小型ロケット艦／ロケット艇

### 小型ロケット艦

| 計画番号 | 設計 | 建造 | 就役数 | 満載排水量[t] | 速力[kt] | 有翼ロケット | 防空システム |
|---|---|---|---|---|---|---|---|
| 1234 | SKB-5 | No.5 | 14 | 699 | 35.0 | P-120 | 4K33 |
| | | No.602 | 3 | | | | |
| 12341 | SKB-5 | No.5 | 15 | 730 | 34.0 | P-120 | 4K33 |
| | | No.602 | 4 | | | | |
| 12347 | SKB-5 | | 1 | 730 | 34.0 | P-800 | 4K33 |
| 1239 | SKB-5 | No.340 | 2 | 1,083 | 52.7 | P-270 | 4K33 |
| 1240 | SKB-5 | | 1 | 432 | 61.3 | P-120 | 4K33 |
| 21631 | TsKB-340 | No.340 | 8+ | 949 | 25.0 | 3M14 | |
| | | No.5 | 0+ | | | 3M54 | |
| | | | | | | P-800 | |
| 22800 | SKB-5 | | 3+ | 870 | 30.0 | 3M14 | |
| | | No.532 | 0+ | | | 3M54 | |
| | | No.199 | 0+ | | | P-800 | |

### ロケット艇

| 計画番号 | 設計 | 建造 | 就役数 | 満載排水量[t] | 速力[kt] | 有翼ロケット | 防空システム |
|---|---|---|---|---|---|---|---|
| 183R | SKB-5 | No.5 | 30 | 81 | 38.0 | P-15 | |
| | | No.5 | (30) | | | | |
| | | No.602 | 24 | | | | |
| | | No.602 | (28) | | | | |
| 205 | SKB-5 | No.5 | 68 | 209 | 38.5 | P-15 | |
| | | No.341 | 64 | | | | |
| | | No.602 | 28 | | | | |
| 205U | SKB-5 | No.5 | 19 | 235 | 42.0 | P-15 | |
| | | No.602 | 13 | | | | |
| 205ER | SKB-5 | No.341 | 87 | 243 | 42.0 | P-15 | |
| 206MR | SKB-5 | No.363 | 12 | 257 | 43.0 | P-15 | |
| 1241 | SKB-5 | No.5 | 1 | 469 | 42.0 | P-15 | |
| 12411T | SKB-5 | No.5 | 3 | 469 | 42.0 | P-15 | |
| | | No.363 | 5 | | | | |
| | | No.876 | 4 | | | | |
| 12417 | SKB-5 | No.363 | 1 | 495 | 41.0 | P-15 | |
| 12411 | SKB-5 | No.5 | 1 | 493 | 41.0 | P-270 | |
| | | No.363 | 10 | | | | |
| | | No.876 | 22 | | | | |
| 12421 | SKB-5 | No.341 | 1 | 550 | 38.0 | P-270 | |
| 12418 | SKB-5 | No.341 | 2+ | 500 | 40.0 | 3M24 | |
| | | No.363 | 2+ | | | | |

※ （ ）は既存艦からの改造。＋表記は現在も建造中。

## ■対潜巡洋艦／航空巡洋艦

### 対潜巡洋艦

| 計画番号 | 設計 | 建造 | 就役数 | 満載排水量[t] | 速力[kt] | 有翼ロケット | 防空システム | 対潜ロケット | 魚雷533mm | 航空機 |
|---|---|---|---|---|---|---|---|---|---|---|
| 1123 | TsKB-17 | No.444 | 2 | 15,280 | 28.5 | | M-11 | RPK-1 | 10 | Ka-25 × 14 |

### 航空巡洋艦

| 計画番号 | 設計 | 建造 | 就役数 | 満載排水量[t] | 速力[kt] | 有翼ロケット | 防空システム | 対潜ロケット | 魚雷533mm | 航空機 |
|---|---|---|---|---|---|---|---|---|---|---|
| 1143 | TsKB-17 | No.444 | 2 | 41,370 | 32.5 | P-500 | M-11 | RPK-1 | 10 | Yak-38 × 16 |
| | | | | | | | 4K33 | | | Ka-25 × 18 |
| 11433 | TsKB-17 | No.444 | 1 | 43,220 | 32.5 | P-500 | M-11 | RPK-1 | 10 | Yak-38 × 16 |
| | | | | | | | 4K33 | | | Ka-27 × 18 |
| 11434 | TsKB-17 | No.444 | 1 | 44,490 | 32.5 | P-500 | 3K95 | | | Yak-38 × 12 |
| | | | | | | | | | | Ka-27 × 22 |
| 11435 | TsKB-17 | No.444 | 1 | 61,390 | 29.0 | P-700 | 3K95 | | | Su-33 × 26 |
| | | | | | | | | | | Ka-27 × 20 |
| | | | | | | | | | | Ka-31 × 4 |

## ■艦艇用防空システム

| 形式 | 設計 | ロケット設計 | ロケット製造 | ロケット形式 | ロケット全長[mm] | ロケット直径[mm] | 射程[km] | 射高[km] | 速度[m/s] | 交戦速度[m/s] |
|---|---|---|---|---|---|---|---|---|---|---|
| **艦隊防空用** | | | | | | | | | | |
| M-1 | HII-10 | OKB-2 | No.32 | V-600 | 5,890 | | 14 | 10 | 600 | 600 |
| | | | | V-601 | 6,093 | 552 | 28 | 18 | 730 | 700 |
| M-11 | HII-10 | OKB-2 | No.32 | V-611 | 6,100 | 655 | 55 | 30 | 800 | 750 |
| M-22 | HII-10 | OKB-8 | OKB-8 | 9M38 | 5,500 | 400 | 25 | 12 | 1,000 | 830 |
| S-300F | HII-10 | OKB-2 | No.41 | 5V55RM | 7,250 | 508 | 75 | 25 | 2,000 | 1,300 |
| S-300FM | HII-10 | OKB-2 | No.41 | 48N6 | 7,500 | 519 | 150 | 27 | 2,100 | 3,000 |
| 9K96 | KB-1 | OKB-2 | No.41 | 9M96 | 5,600 | 240 | 150 | 30 | 2,100 | 4,800 |
| **自艦防空用** | | | | | | | | | | |
| 4K33 | HII-10 | OKB-2 | No.32 | 9M33 | 3,158 | 206 | 15 | 4 | 500 | 420 |
| 3K95 | HII-10 | OKB-2 | No.32 | 9M330-2 | 2,890 | 230 | 12 | 6 | 800 | 700 |

## ■対潜ロケット

| 形式 | 設計 | 製造 | ロケット形式 | ロケット全長[mm] | ロケット直径[mm] | 射程[km] | 弾頭 |
|---|---|---|---|---|---|---|---|
| **水上艦艇用** | | | | | | | |
| RPK-1 | TsKB-1 | SKB-203 | 82R | 6,000 | 540 | 28 | 核 |
| URPK-3/-4 | OKB-155-1 | No.256 | 85R | 7,400 | 540 | 55 | 誘導魚雷 |
| URK-5 | OKB-155-1 | No.256 | 85RU | 7,200 | 570 | 90 | 誘導魚雷 |
| **魚雷発射管式** | | | | | | | |
| RPK-2 | OKB-8 | OKB-8 | 81R | 7,600 | 533 | 35 | 核 |
| | | | 81RT | 8,200 | 650 | | 核 |
| RPK-6 | OKB-8 | OKB-8 | 83R | 8,200 | 533 | 50 | 誘導魚雷 |
| | | | 84R | | | | 核 |
| RPK-7 | OKB-8 | OKB-8 | 86R | 11,000 | 650 | 100 | 誘導魚雷 |
| | | | 88R | | | | 核 |
| **カリブル** | | | | | | | |
| 3K14 | OKB-8 | OKB-8 | 91R | 7,650 | 533 | 50 | 誘導魚雷 |
| | | | 91RT | 6,200 | 533 | 40 | 誘導魚雷 |

# ロシア連邦軍編制一覧（2021年2月）

## 大陸間弾道弾部隊の編制

第27親衛ロケット軍［ヴラディーミル］

第7親衛ロケット師団（ヴィポルゾヴォ）
    第41ロケット連隊　　RS-24　移動式発射機×9
    第510ロケット連隊　RT-2PM　移動式発射機×9

第14ロケット師団（ヨシュカルオラ）
    第290ロケット連隊　RS-24　移動式発射機×9
    第697ロケット連隊　RS-24　移動式発射機×9
    第779ロケット連隊　RS-24　移動式発射機×9

第28親衛ロケット師団（コゼリスク）
    第74ロケット連隊　　RS-24　サイロ×10
    第168ロケット連隊　RS-24　サイロ×10

第54親衛ロケット師団（テイコヴォ）
    第235ロケット連隊　RT-2PM2　移動式発射機×9
    第285ロケット連隊　RS-24　移動式発射機×9
    第321ロケット連隊　RT-2PM2　移動式発射機×9
    第773ロケット連隊　RS-24　移動式発射機×9

第60ロケット師団（タティシチェヴォ）
    第31ロケット連隊　　RT-2PM2　サイロ×10
    第86ロケット連隊　　RT-2PM2　サイロ×10
    第104ロケット連隊　RT-2PM2　サイロ×10
    第122ロケット連隊　RT-2PM2　サイロ×10
    第165ロケット連隊　RT-2PM2　サイロ×10
    第626ロケット連隊　UR-100N UTTKh　サイロ×10（予備役）
    第649ロケット連隊　UR-100N UTTKh　サイロ×10（予備役）
    第687ロケット連隊　RT-2PM2　サイロ×10

第31ロケット軍［オレンブルク］

第13ロケット師団（ドンバロフスキイ）

第494？ロケット連隊　UR-100N UTTKh　サイロ×2（アヴァンガルト）

（※下記の4連隊のうち、3連隊が現役）

第175ロケット連隊　R-36M2　サイロ×6

第206ロケット連隊　R-36M2　サイロ×6

第368ロケット連隊　R-36M2　サイロ×6

第767ロケット連隊　R-36M2　サイロ×6

第42ロケット師団（ニジニ・タギル）

第142ロケット連隊　RS-24　移動式発射機×9

第433ロケット連隊　RS-24　移動式発射機×9

第804ロケット連隊　RS-24　移動式発射機×9

第33親衛ロケット軍［オムスク］

第29親衛ロケット師団（イルクーツク）

第92ロケット連隊　RS-24　移動式発射機×9

第344ロケット連隊　RS-24　移動式発射機×9

第586ロケット連隊　RS-24　移動式発射機×9

第35ロケット師団（バルナウル）

第307ロケット連隊　RT-2PM　移動式発射機×9

第479ロケット連隊　RS-24　移動式発射機×9

第480ロケット連隊　RT-2PM　移動式発射機×9

第867ロケット連隊　RT-2PM　移動式発射機×9

第39親衛ロケット師団（パシノ）

第357ロケット連隊　RS-24　移動式発射機×9

第382ロケット連隊　RS-24　移動式発射機×9

第428ロケット連隊　RS-24　移動式発射機×9

第62ロケット師団（ウジュル）

第229ロケット連隊　R-36M2　サイロ×6

第269ロケット連隊　R-36M2　サイロ×6

第302ロケット連隊　R-36M2　サイロ×6

第735ロケット連隊　R-36M2　サイロ×10

## 弾道弾搭載型潜水艦部隊の編制

北方艦隊［潜水艦部隊ガジエヴォ］
　第12潜水艦戦隊
　　第18潜水艦師団（ザパドゥナヤ・リツァ）
　　　941UM型戦略任務重ロケット水中巡洋艦
　　　　TK-208 ドミトリー・ドンスコイ（試験艦）
　　　941型戦略任務重ロケット水中巡洋艦
　　　　TK-17 アルハンゲリスク（予備役）
　　　　TK-20 セヴェルスターリ（予備役）
　　第31潜水艦師団（ガジエヴォ）
　　　667BRDM型戦略任務ロケット水中巡洋艦
　　　　K-18 カレリア
　　　　K-51 ヴェルホトゥーリエ
　　　　K-84 エカテリンブルク
　　　　K-114 トゥーラ
　　　　K-117 ブリャンスク（メインテナンス中）

　　　　K-407 ノヴォモスコフスク
　　　955型戦略任務ロケット水中巡洋艦
　　　　K-535 ユーリイ＝ドルゴルキイ
　　　955A型戦略任務ロケット水中巡洋艦
　　　　K-549 ヴラディーミル大公

太平洋艦隊［潜水艦部隊ヴィリュチンスク］
　第16潜水艦戦隊
　　第25潜水艦師団（ルイバチイ）
　　　667BRD型戦略任務ロケット水中巡洋艦
　　　　K-44 リャザン
　　　955型戦略任務ロケット水中巡洋艦
　　　　K-550 アレクサンドル＝ネフスキイ
　　　　K-551 ヴラディーミル＝モノマフ

## 汎用潜水艦／有翼ロケット潜水艦部隊の編制

北方艦隊
　第11潜水艦戦隊（ザオゼルスク）
　　第7潜水艦師団（ヴィジャーエヴォ）
　　　945型大型潜水艇
　　　　B-239 カルプ（改修待ち）
　　　　B-276 コストロマ（改修待ち）
　　　945A型大型潜水艇
　　　　B-336 プスコーフ
　　　　B-534 ニジュニイ・ノヴゴロト
　　　671RTMK型大型潜水艇
　　　　B-448 タンボフ（改修中）
　　第11潜水艦師団（ザパドナヤ・リツァ）
　　　949A型有翼ロケット水中巡洋艦
　　　　K-119ヴォロネシ
　　　　K-266オリョール
　　　　K-410スモレンスク
　　　671RTMK型大型潜水艇
　　　　B-138 オブニンスク

　第12潜水艦戦隊（ガジエヴォ）
　　第24潜水艦師団（ガジエヴォ）
　　　971型水中巡洋艦
　　　　K-154 ティグル（改修中）
　　　　K-157 ヴェプリ
　　　　K-317 パンテーラ
　　　　K-328 レオパルト（改修中）
　　　　K-335 ゲパルト
　　　　K-461 ヴォルク（改修中）
　　コラ諸兵科連合小艦隊（ポリャールヌイ）
　　　第161潜水艦旅団（ポリャールヌイ）
　　　　877型大型潜水艇
　　　　　B-177 リペツク
　　　　　B-459 ヴラディカフカス
　　　　　B-471 マグニトゴルスク
　　　　　B-800 カルーガ
　　　　　B-808 ヤロスラヴリ（改修中）
　　　　677型大型潜水艇
　　　　　B-585 サンクト・ペテルブルク

バルト艦隊

　レニングラード海軍基地（クロンシュタット）

　　第123独立潜水艦大隊（クロンシュタット）

　　　877EKM型大型潜水艇

　　　　B-806 ドゥミトゥロフ

　　　636型大型潜水艇

　　　　B-274 ペトゥロパヴロフスク・
　　　　カムチャツキイ


黒海艦隊

　第4潜水艦旅団（ノヴォロシスク）

　　877V型大型潜水艇

　　　B-871 アルローサ（改修中）

　　636型大型潜水艇

　　　B-261 ノヴォロシスク

　　　B-237 ロストフ・ナ・ドヌー
　　　（定期メインテナンス中）

　　　B-262 スターリー・オスコル

　　　B-265 クラスノダール
　　　（定期メインテナンス中）

　　　B-268 ヴェリキイ・ノヴゴロド

　　　B-271 コルピーノ

太平洋艦隊

　第16潜水艦戦隊（ヴィリュチンスク）

　　第10潜水艦師団（ルイバチイ）

　　　949A型有翼ロケット水中巡洋艦

　　　　K-132 イルクーツク（改修中）

　　　　K-150 トムスク

　　　　K-186 オムスク

　　　　K-442 チェリャビンスク（改修中）

　　　　K-456 ヴィリュチンスク

　　　971型水中巡洋艦

　　　　K-295 サマーラ（改修中）

　　　　K-331 マガダン（改修中）

　　　　K-391 ブラーツク（改修中）

　　　　K-419 クズバス

　　第19潜水艦旅団（ウラジオストク）

　　　877型大型潜水艇

　　　　B-187 コムソモリスク・ナ・アムーレ

　　　B-190 クラスノカメンスク

　　　B-345 モゴチャ

　　　B-394 コムソモレッツ・タジキスタン

　　　B-464 ウスティ・カムチャツク

　　　B-494 ウスティ・ボリシェレツク

　636型大型潜水艇

　　B-603 ボルホフ

# 水上戦闘艦艇の編制

北方艦隊

第43ロケット艦師団（セヴェロモルスク）

11442型重原子力ロケット巡洋艦

ピョートル大帝（旗艦）

ナヒモフ提督（改修中）

11435型重航空巡洋艦

ソヴィエト連邦艦隊提督クズネツォフ

1164型ロケット巡洋艦

ウスティノフ元帥

956型艦隊水雷艇

ウシャコフ提督

22350型フリゲイト

ソヴィエト連邦艦隊提督ガルシュコフ

艦隊提督カサトノフ

コラ諸兵科連合小艦隊（ポリャールヌイ）

第14対潜艦旅団（セヴェロモルスク）

1155型大型対潜艦（フリゲイト）

クラコフ副提督

セヴェロモルスク

レフチェンコ提督

ハルラーモフ提督（予備役）

チャバネンコ提督

第7水域警備艦旅団（ポリャールヌイ）

第141戦術群（オレニヤ湾）

1124型小型対潜艦

MPK-14 モンチェゴルスク

MPK-59 スニェジュノゴルスク

MPK-194 ブレスト

MPK-203 ユンガ

第142戦術群（ポリャールヌイ）

1234型小型ロケット艦

アイスベルク

ラススヴィエート

第43独立水域警備艦大隊（セヴェロドヴィンスク）

小型対潜艦

MPK-7 オネガ

MPK-130 ナリヤン・マール

バルト艦隊

第128水上艦艇旅団（バルティイスク）

956型艦隊水雷艇

ナストイチヴイ（旗艦）

11540型警備艦

ネウストゥラシムイ

賢者ヤロスラフ

20380型コルヴェット

ステレグシュチイ

ソーブラジテリヌイ

ボイキイ

ストイキイ

バルティイスク海軍基地（バルティイスク）

第36ロケット艇旅団（バルティイスク）

第1親衛ロケット艇大隊

1241型ロケット艇

R-2 チュバシア

R-47

R-129 クズニェツク

R-187 ザレチニイ

R-257

R-291 ディミトゥトフグラード

R-293 モルシャンスク

第106小型ロケット艦大隊

1234型小型ロケット艦

ズィビ

ゲイゼル

パッサート

リヴェニ

21631型小型ロケット艦

ズィリョニイ・ドン

セルプホフ

22800型小型ロケット艦

ムィティシチ

ソヴィエトゥスク
オディンツォヴォ
第64水域警備艦旅団（バルティイスク）
第146対潜艦戦術群
1331M型小型対潜艦
MPK-224 アレクシン
MPK-227 カバルディノ・バルカリヤ
MPK-232 カルムィキヤ
レニングラード海軍基地（クロンシュタット）
第105水域警備艦旅団（クロンシュタット）
第147戦術群
1331M型小型対潜艦
MPK-99 ゼレノドリスク
MPK-192 ウレンゴイ
MPK-205 カザニェツ

黒海艦隊
第30水上艦艇師団（セヴァストポリ）
1164型ロケット巡洋艦
マスクヴァ
1135型警備艦
ラドゥヌイ
プイトゥリヴイ
11356R型フリゲイト
グリゴロヴィチ提督
エッセン提督
マカロフ提督
クリミア海軍基地（セヴァストポリ）
第41ロケット艇旅団（セヴァストポリ）
第166小型ロケット艦大隊
1239型小型ロケット艦
ボラ
サムーム
21631型小型ロケット艦
ヴィシュニイ・ヴォロチェク
オレホヴォ・ズエヴォ
イングシェティヤ
第295ロケット艇大隊
1241型ロケット艇

R-60
R-71 シュヤ
R-109
R-239 ナベレジュヌエ・チェルヌイ
R-334 イヴァノヴェツ
第68水域警備艦旅団（セヴァストポリ）
第149戦術群
1124型小型対潜艦
MPK-49 アレクサンドゥロヴェツ
MPK-64 ムロメツ
MPK-118 スズダレツ
ノヴォロシスク海軍基地（ノヴォロシスク）
第184水域警備艦旅団（ノヴォロシスク）
第181対潜艦大隊
1124型小型対潜艦
MPK-199 カシモフ
MPK-207 ボヴォリーノ
MPK-217 ィエイスク
カスピ海小艦隊
第106水域警備艦旅団（カスピイスク）
第250親衛水上艦大隊（カスピイスク）
11661型警備艦
タタルスタン（旗艦）
ダゲスタン
21631型小型ロケット艦
グラード・スヴィヤジュスク
ウグリチュ
ヴェリキイ・ウステュグ
1241型ロケット艇
R-101 ストゥピニェツ

太平洋艦隊
沿海州諸兵科連合小艦隊（フォーキノ）
第36水上艦艇師団（フォーキノ）
1164型ロケット巡洋艦
ヴァリャーク（旗艦）
956型艦隊水雷艇
ブルヌイ（修理中）
ブイストゥルイ

ビエズボヤズニェンヌイ（予備役）
20380型コルヴェット
　サヴェルシェンヌイ
　グロムキイ
第44対潜艦旅団（ウラジオストク）
　1155型大型対潜艦（フリゲイト）
　　シャポシュニコフ元帥
　　トゥリブツ提督
　　ヴィノグラドフ提督
　　パンテレエフ提督
第165水上艦艇旅団（ウラジオストク）
　第2親衛ロケット艇大隊
　1241型ロケット艇
　　R-11
　　R-14
　　R-18
　　R-19
　　R-20
　　R-24
　　R-29
　　R-79
　　R-261
　　R-297
　　R-298
　第11水域警備艦大隊
　1124型小型対潜艦
　　MPK-17 ウスティ・イリムスク
　　MPK-64 ミティエル
　　MPK-221 プリモルスキイ・
　　コムソモレツ
　　MPK-222 コリェエツ
　第38独立水域警備艦大隊
　（ソヴィエツカヤ・ガヴァニ）
　1124型小型対潜艦
　　MPK-191 ホルムスク
　　MPK-214 ソヴィエツカヤ・ガヴァニ
北東軍集団
　第114水域警備艦旅団（ペトゥロパ
　ヴロフスキイ・カムチャツキイ）

第117水域警備艦大隊
　1124型小型対潜艦
　　MPK-82
　　MPK-107
第66小型ロケット艦大隊
　1234型小型ロケット艦
　　スメルチ
　　イネイ
　　モロズ
　　ラズリフ

# あとがき

　ソヴィエト連邦のドクトリンの変遷を解説した名著『力の信奉者ロシア』（JCA出版）の序文は、「ロシアに『安全』という言葉はない」という衝撃的な言葉から始まります。これを初めて読んだとき、僕は安全を表わす言葉「безопасность」を改めて眺めて、はっと気づきました。これは、危険「опасность」に否定語「без」をつけて、「危険ではない」と言っているだけなのだと。この言葉の構成は、ロシアが歴史的に置かれた立場、そしてそれを経験したロシアが、安全保障というものをどう捉えるようになったかを、驚くほど端的に物語っています。

　ロシアは、過去に幾度も大規模な侵略に遭い、国家存亡の危機に見舞われてきました。古くはモンゴル帝国に蹂躙され、近代に入っても、フランスに侵略され（祖国戦争）、ドイツに侵略され（大祖国戦争）ました。そして、3,000万人という、他の国すべてを合わせたよりも多い犠牲者を出してようやく勝利した大祖国戦争が終わった直後に、冷戦が始まり、あの無敵のアメリカ合衆国と対峙しなければならなかったのです。

　その歴史に鑑みれば、なぜロシアが、他の国から見れば過剰防衛にしか見えない巨大な軍備を整え、この超兵器の数々を生み出し続けたのかも、おわかりいただけるかも知れません。

　そんなロシアを、続編となる「戦術兵器編」とあわせてお楽しみいただければ幸いです。


最後になりましたが、
めちゃ格好いい表紙を描いて下さった速水螺旋人さん、
可愛らしい本文イラストを描いて下さったサンクマさん、EM-Chinさん、
本書を出すチャンスを与えて下さっただけでなく、頑固な僕のさまざまな要求にも心折れず、読者のみなさんに少しでも読みやすい構成となるよう尽力して下さった編集の綾部さん、
そして誰よりも――
　本書を手にして下さったみなさんに、感謝の言葉を述べさせていただきます。

　　　　　　　　　　　　　　　　　　　　　　　　誠にありがとうございました。


　　　　　　　　　　　　　　　　　　　　　　　　　　　　　　　多田 将

## 著者紹介　多田 将

京都大学理学研究科博士課程修了、理学博士
高エネルギー加速器研究機構 素粒子原子核研究所 准教授
主な著書に、『弾道弾』『核兵器』『放射線について考えよう。』（明幸堂）、
『ミリタリーテクノロジーの物理学〈核兵器〉』（イースト・プレス）などがある。

■イラストレーター

| 速水螺旋人 | サンクマ | EM-Chin |
|---|---|---|

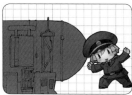

# ソヴィエト連邦の超兵器 戦略兵器編

## 2021年3月19日 初版発行

編集：綾部剛之
デザイン：株式会社STOL

編集人　青野和久
発行人　松下大介
発行所　株式会社ホビージャパン
〒151-0053 東京都渋谷区代々木2丁目15番地8号
TEL 03-5354-7403(編集)
TEL 03-5304-9112(営業)

印刷所：株式会社廣済堂

ISBN978-4-7986-2319-1 C0076